# Die Weser

das erste deutsche Dampfschiff und seine Erbauer.

# Die Weser

## das erste deutsche Dampfschiff und seine Erbauer.

Ein Beitrag zur Geschichte der deutschen Schiffahrt
und des deutschen Schiffbaus.

Von

## Hermann Raschen

Ingenieur.

Mit 14 Abbildungen.

Berlin.
Verlag von Julius Springer.
1908.

*Sonderabdruck aus dem*

*Jahrbuch der Schiffbautechnischen Gesellschaft.*

*VIII. Band. 1907.*

**Softcover reprint of the hardcover 1st edition** *1907*

ISBN 978-3-642-50622-2        ISBN 978-3-642-50932-2 (eBook)
DOI 10.1007/978-3-642-50932-2

## Vorwort.

Seitdem die älteren Wissenschaften zu der Menschheit bewußten Kulturmitteln geworden sind, hat es ihnen nicht an Mitarbeitern gemangelt, die Muße und Neigung hatten, ihre Geschichte zu verfolgen und aufzuzeichnen. Den Schriften und Werken solcher Männer, die, vielleicht mehr durch Gefühle der Pietät als der reinen Nützlichkeit geleitet, dem Entwickelungsgange ihres Arbeitsfeldes nachforschten, verdanken wir es, wenn wir heute die großen Entwickelungsabschnitte der Wissenschaften und ihren inneren Zusammenhang kennen und verstehen, und wenn wir das Andenken der darin tätig gewesenen Pioniere gewahrt finden.

Die jüngste der Wissenschaften, die Technik, ist in dieser Beziehung, namentlich in Deutschland, stiefmütterlich bedacht worden.

Erst seit kurzem regt sich der Wunsch auch hier, bisher Versäumtes nachzuholen, die alten Denkmäler der Technik zu retten und die Erinnerung an ihre Pioniere aufzufrischen und der Nachwelt zu erhalten.

Wie überall in Fragen der Technik steht der Verein deutscher Ingenieure an der Spitze solcher Bestrebungen. Er hat für die Herausgabe des Werkes „Beiträge zur Geschichte des Maschinenbaus" von Th. Beck gesorgt, er beschert uns aus der Feder von Conrad Matschoß eine „Geschichte der Dampfmaschine", und um solchen Bemühungen die Krone aufzusetzen, ging aus seinen Kreisen der Gedanke hervor, ein „Museum von Meisterwerken der Naturwissenschaft und Technik" zu schaffen, dem im Jahr 1903 bei der 44. Hauptversammlung des Vereins deutscher Ingenieure in München greifbare Gestalt gegeben wurde. Soeben ist in der bayrischen Hauptstadt für ein würdiges monumentales Gebäude „Das deutsche Museum" der Grundstein gelegt worden.

Noch unter dem Eindrucke der Münchener Hauptversammlung war ich so glücklich, genauere Kunde von dem ersten in Deutschland mit dauerndem Erfolge betriebenen Dampfschiffe zu bekommen, von dem mir in meinen Knabenjahren mein Großvater, Schiffbaumeister Johann Raschen sen. in Vegesack in begeisterten Schilderungen erzählt hatte. Dem Bemühen meines Vaters, Schiffbaumeister Joh. Raschen jun. in Bremerhaven, gelang es mit Hilfe freundschaftlicher Beziehungen die Original-Zeichnungen der für dieses Schiff erbauten Maschineneinrichtungen in England aufzufinden, und, nachdem auch Nachrichten über das Leben und Wirken der an dem Bau beteiligten Männer gesammelt waren, kamen die vorliegenden Blätter zustande.

Sie sollen versuchen, der Bedeutung dieses in der Geschichte der deutschen Schiffahrt als Markstein dastehenden Baues, seines Bauherrn und Baumeisters gerecht zu werden, und sind in dem Trachten geschrieben, in unserer rastlos weiter stürmenden Zeit einen Ruhepunkt zu schaffen, von dem aus sich, wenn auch nicht ein gewaltiger Rundblick, so doch ein reizvoller Rückblick auf die Jugendtage deutschen Dampfschiffbaues und deutscher Dampfschiffahrt bietet, dann aber auch in dem Wunsche, den so oft laut werdenden Vorwurf des Alters, daß die Jugend ihre alten Meister vergäße, ein klein wenig zu entkräften.

Herzlicher Dank allen denen, die so freundlich dabei geholfen haben.

Griesheim a. M., Januar 1907.

Hermann Raschen.

---

## Einleitung.

Mit der fortschreitenden Entwickelung mechanischer Einrichtungen im Handwerk und in der Industrie, soweit man in jener Zeit von Industrie überhaupt reden darf, trat seit Beginn des Geschichtsabschnittes der neueren Zeit der Gedanke in verstärktem Maße hervor, auch Schiffe mit Hilfe mechanischer Vorrichtungen zu treiben.

Dabei entsprang dieser Gedanke einerseits dem Bemühen der Seefahrer, aus der durch die Benutzung von Segeln bedingten Abhängigkeit von Wind und Wetter herauszukommen, andererseits war der Wunsch leitend, das so mühselige Rudern zu umgehen.

Indessen solchem Verlangen wirkte entgegen, daß zum Betriebe mechanischer Einrichtungen auf Schiffen zunächst nur eine immerhin schwache Kraft, die Menschenkraft oder allenfalls die von Tieren, zur Verfügung war, wodurch von vornherein den mechanischen Einrichtungen in ihrer Kraftentfaltung und damit den Schiffen in ihrer Größe engste Grenzen gezogen waren. Über einige in dieser Richtung unternommene Versuche sei hier berichtet.

Der Franzose Duquet baute 1669 eine Einrichtung, die aus „revoltierenden Rudern besteht. Es sind vier Schaufeln kreuzweise an einer Walze befestigt, die ihrerseits mit Hilfe einer Kurbel durch eine Anzahl Menschen gedreht wird. Die Ruder sind in der Walze beweglich angebracht und bewegen sich, während die Walze gedreht wird, so, daß ihre flache Seite gegen die Drehrichtung gekehrt ist, tauchen in das Wasser ein, und beim Austauchen drehen sie sich um 90°, sodaß nunmehr sich die Schaufelkanten gegen die Drehrichtung kehren."

Mit der Drehbarkeit der Ruderschaufeln wollte Duquet verhindern, daß sie beim Austauchen Wasser heben und so unnütze Arbeit verrichten, eine Erwägung, welche auch heute die Bauweise von Schaufelrädern beeinflußt. Versuche mit der Vorrichtung von Duquet gegenüber gewöhnlichen Galeerenrudern scheinen zugunsten jener ausgefallen zu sein, wenigstens wurde diese Erfindung 1712 durch die Akademie der Wissenschaften in Paris förmlich approbiert.

Einer anderen Art, auf mechanischem Wege die Fortbewegung von Schiffen möglich zu machen, lag der Gedanke zugrunde, die Reaktionswirkung ausströmenden Wassers auszunutzen. Der Königliche Mühlenbaumeister James Linaker in Portsmouth machte seit dem Jahre 1793 in dieser Richtung eine Reihe von Versuchen. Sein Gedanke war, „Kolbenstöcke in Pumpenstiefeln horizontal operieren zu lassen, die das Wasser unter dem Schiffsschnabel einziehen und unter dem Hinterteil wieder herauslassen". Nach diesem Plan baute er ein Schiff von 30 Fuß Länge und 6 Fuß Breite. Ausgerüstet mit einer solchen Pumpe vermochte das Fahrzeug eine Geschwindigkeit von 4 Meilen in der Stunde zu erreichen. Dazu waren 8 Mann nötig, die 30 Pumpenhübe zu 6 Fuß Länge machen mußten. Für ein zweites Schiff benutzte Linaker eine stehende Pumpe, zu deren Arbeit er sogar eine Dampfmaschine von der Firma Fenton, Murray & Wood in Leeds bezog.

Daß die Verwendung von Tieren zum Schiffsantriebe vornehmlich in Amerika Ausdehnung gewann, kann nicht verwundern, wenn man bedenkt, daß von jeher dort die menschliche Arbeitskraft ganz besonders hoch bewertet und daher mit doppeltem Eifer nach Ersatz durch andere billigere Kräfte in Verbindung mit Maschinen getrachtet wurde. Zu Ende des achtzehnten Jahrhunderts waren drüben eine ganze Anzahl von Fahrzeugen mit dauerndem Erfolge in Betrieb, deren mechanische Einrichtungen durch Pferde betätigt wurden. So dienten in Newyork zwei solcher Fahrzeuge als Fähren, und auch für größere Reisen auf dem Hudson und an der Küste in der Nähe Newyorks waren Schiffe mit solchen Einrichtungen in Gebrauch. Ihrer Bauart nach bestanden sie aus zwei nebeneinander angeordneten Schiffskörpern, zwischen denen ein Schaufelrad eingebaut war. Das Rad wurde durch eine Art Göpelwerk mit Schwengel und Zahnrädern gedreht. Je nach Größe des Schiffes und nach den zu überwindenden Witterungs- und Stromverhältnissen waren acht bis zwölf Pferde dazu nötig.

Wird nun aber von diesen in Amerika entstandenen, sogenannten Pferdeschiffen abgesehen, so ist man doch in dieser Zeit bei der Umsetzung von Gedanken über die mechanische Fortbewegung der Schiffe in die praktische Ausführung kaum je über den Versuch hinausgekommen. Der Mangel einer großen wirtschaftlichen Kraftquelle zwang zur Beibehaltung von Ruder und Segel und ließ den Seefahrer nicht aus der Abhängigkeit von Wind und Wetter herauskommen.

Erst der Dampfmaschine blieb es vorbehalten, zu wirklich bahnbrechenden Erfolgen zu führen, und auch dann erst, nachdem zwei wichtige Vorbedingungen erfüllt waren. Einmal mußte die Betriebssicherheit und Zuverlässigkeit der Dampfmaschineneinrichtung in allen Teilen auf einen verhältnismäßig hohen Grad der Vollkommenheit gebracht werden, und dann war ihr Gewicht und ihre Raumbeanspruchung auf ein für Schiffe wirtschaftliches Maß zu beschränken.

Und wenn, wie schon gesagt wurde, in Amerika bei seinem Mangel an menschlichen Arbeitskräften die Forderung eines neuen Antriebsmittels für Schiffe besonders groß war, eine Forderung, die in der weiteren Erschließung und dem wirtschaftlichen Aufschwung der Neuenglandstaaten zu Beginn des neunzehnten Jahrhunderts kräftigste Unterstützung fand, so ist es natürlich, daß hier Versuche mit Dampfmaschinen zuerst zu wirklich nachhaltigem Erfolge führten.

Robert Fulton muß wohl als derjenige bezeichnet werden, dem es zuerst gelang, ein Dampfschiff für dauernden Gebrauch in Betrieb zu setzen, und dem daher der Name des Begründers der Dampfschiffahrt gebührt.

Fulton, ein geborener Amerikaner und von Haus aus Uhrmacher, hatte sich zu Studienzwecken eine Zeit lang in den Bergwerks- und Industriegebieten Englands umgesehen und die dort gebräuchlichen Dampfmaschinen in ihrer Entstehung und ihrem Betriebe gründlich kennen gelernt. Dort schickte sich die Dampfmaschine unter der unermüdlichen Arbeit von James Watt an, ein Verwendungsgebiet nach dem andern zu erobern. Nach Newyork zurückgekehrt, wohin ihm der Ruf eines tüchtigen Mechanikers bereits vorausgeeilt war, begann Fulton sogleich mit dem Bau eines Dampfschiffes, für das ihm seine unternehmungslustigen Mitbürger Geldmittel in reichem Maße zur Verfügung stellten. Er bezog die Dampfmaschineneinrichtung aus der damals berühmtesten Maschinenfabrik der Welt, Boulton, Watt & Co. in Soho bei Birmingham und vollendete das Schiff, dem er den Namen „Cladremont“ gab, 1807. Seitdem ist es eine Reihe von Jahren im Verkehr zwischen Newyork und Albany in Fahrt gewesen, so von seiner dauernden Brauchbarkeit Zeugnis ablegend.

Im Jahr 1814 sind bei Newyork bereits vier Dampffähren und fünf andere Dampfschiffe für den Verkehr flußaufwärts vorhanden. Es wird von ihnen berichtet, daß sie zum Teil, ähnlich den Pferdeschiffen, Doppelböte waren, deren Schaufelrad in der Mitte zwischen den beiden Schiffskörpern saß; auch sollen sie, im Vergleich mit den zu derselben Zeit in England gebauten Dampfschiffen, von großem Umfange und teilweise mit vier Schaufelrädern ausgerüstet gewesen sein.

Die Amerikaner haben auch zuerst die Dampfmaschine zum Betriebe eines Kriegsschiffes verwendet. Unter Fultons Leitung wurde 1815 eine Dampffregatte gebaut, die zu Ehren des Gründers der Dampfschiffahrt den Namen „Fulton der Erste“ erhielt. Ihre Vollendung hat Fulton jedoch nicht mehr erlebt. Auch diese Dampffregatte bestand aus zwei Schiffskörpern mit dem Schaufelrad in der Mitte; sie führte eine Bestückung von 32 Achtpfündern und in ihren fünf Fuß dicken Seitenwänden besaß sie eine Art Panzerung gegen feindliche Schüsse. Eine amerikanische Zeitung vom Juli 1815 berichtet über Probefahrten mit diesem Kriegsschiffe:

„Majestätisch bewegte sich die Fregatte allmählich in den Fluß, obgleich ein scharfer Wind aus dem Süden ihr gerade entgegen wehte. Sie stemmte sich mit völliger Heftigkeit gegen den Strom, da die Ebbe sehr stark ablief. Sie segelte unter den Batterien hin, die sie mit ihren 32 Kanonen salutierte. Ihre Schnelligkeit entsprach allen möglichen Erwartungen, und da es nur die Absicht der Unternehmer war, ihre Maschinerie zu probieren, so wurde von den Segeln kein Gebrauch gemacht.

Durch genaue Experimente ist es nunmehr zur Gewißheit geworden, daß diese große

Erfindung für den Krieg und für die Künste alle Hoffnungen ihrer wärmsten Verehrer erfüllen wird. Unsere Regierung darf stolz darauf sein, daß dieser Versuch unter ihren Auspizien gemacht ist. Unsere Feinde mögen zittern beim Anblicke dieser furchtbaren Macht, die gegen sie emporgewachsen ist. Jeder Hafen in den vereinigten Freistaaten hat jetzt die Mittel in Händen, sich gegen stärkere Seemächte zu schützen. Alle Häfen der schwächeren europäischen Nationen mögen sich von nun an sicher stellen gegen die Angriffe ihrer Feinde, und wenn sie zur See auch noch so furchtbar wären."

In England waren um diese Zeit James Watt und seine Söhne mit unermüdlichem Eifer an der Verbesserung ihrer Dampfmaschine tätig. Ihre unter der Firma Boulton, Watt & Co. in Soho bei Birmingham betriebene Maschinenfabrik hatte die schwierigsten Zeiten längst hinter sich, und die bedeutendsten Bergwerke und industriellen Anlagen waren mit Dampfmaschinen Wattscher Bauart ausgerüstet.

Keineswegs hat es in England, auch schon ehe Fulton in Amerika seine ersten Erfolge erzielte, an Versuchen gefehlt, die Dampfmaschine zum Betriebe von Schiffen heranzuziehen. Es wurde oben schon der Versuch des Mühlenbaumeisters Linaker erwähnt. Indessen die jeder Neuerung entgegentretenden Schwierigkeiten waren hier besonders groß und die ihr widerstrebenden Feinde besonders mächtig. In welcher Weise die Arbeiten der Schiffbauer gehemmt wurden, geht daraus hervor, daß ein auf dem Clyde unternommener Versuch mit einem Dampfschiffe an dem Einspruche der Bewohner des Flusses scheiterte, der durch die Räder hervorgerufene heftige Wellenschlag drohe den Ufern zu schaden.

Erst 1812 gelang es, auf dem Clyde ein Dampfschiff in Fahrt zu setzen, das wirklich ermunternden Erfolg brachte, obwohl es nur vier Jahre seinen Zwecken diente. Die Ursache seiner kurzen Lebensdauer ist in den schnellen Fortschritten auf diesem eben erst betretenen Gebiete zu suchen. Schon nach vier Jahren war es seinen Nachfolgern an Schnelligkeit und wegen seines zu großen Tiefgangs, der sich bei dem seichten Wasser des Flusses als äußerst hinderlich erwies, nicht mehr gewachsen.

War so einmal das Eis gebrochen und steigerten die Aufnahme der Dampfschiffahrt und die durch sie geschaffene schnelle und sichere Verkehrsgelegenheit den Verkehr bedeutend, zugleich ihren Unternehmern reichen wirtschaftlichen Erfolg bringend, so war es naturgemäß, daß diese günstigen Umstände zu Neubauten, wie zur Vergrößerung der Schiffe und wechselseitig damit zur Verbesserung und Verstärkung der Maschinen ermunterten. In den nächsten Jahren folgte dann schnell ein Dampfschiff dem andern und das Jahr 1816 kann wohl allgemein als die Zeit angesehen werden, wo fast auf allen Hauptflüssen Englands Dampfschiffe fuhren.

England ist noch heute der größte Dampfschifflieferant für das Ausland; konnten wir Deutschen uns doch erst seit etwa der Mitte der neunziger Jahre vorigen Jahrhunderts von den englischen Werften unabhängig machen.

In jener Zeit liegt der Anfang englischer Ausfuhr in Dampfschiffen. Die französische Firma Andriel Perin & Co. in Paris hatte ein ausschließliches Privilegium zum Gebrauch von Dampfschiffen erworben und ließ sich im Jahre 1855 aus England ein Dampfschiff kommen, das von der Themse nach Havre hinüberfuhr.

Damals wurden auch auf der Havel und Elbe Dampfschiffe in Fahrt gesetzt; allein diese Unternehmungen dauerten, da sie zu keinem Erfolge führten, nur kurze Zeit und tragen daher den Charakter mißlungener Versuche.

Erst dem Unternehmungsgeiste Friedrich Schröders in Bremen und der richtigen Beurteilung der gegebenen Verhältnisse seitens seiner Ratgeber ist es zu danken, daß die Dampfschiffahrt in Deutschland damals schon eine bleibende Heimstätte gefunden hat. Sein von Johann Lange in Vegesack 1816 erbautes Dampfschiff „Die Weser" wurde als erstes in Deutschland mit dauerndem Erfolge betrieben.

Und, wenn es auch Bauherr und Baumeister damals nicht ahnen konnten, so steht doch fest, daß sie mit ihrem Unternehmen gleichsam den Grundstein zu einem festen, stolzen Bau legten, der zwei Gebiete deutschen Erwerbslebens von höchster Bedeutung umschließt, einmal die gewaltigen, erdumspannenden deutschen Dampfschiffs-Unternehmungen, andererseits die zu so segensreicher Blüte gediehene deutsche Schiffbauindustrie, Gebiete, von deren Gedeihen die Wohlfahrt und Größe des deutschen Vaterlandes heute mehr, denn zu jeder früheren Zeit, abhängt.

## Friedrich Schröder.

Nach dem Pariser Frieden von 1814 nahmen Handel und Wandel an der Weser und besonders in der Freien und Hansestadt Bremen einen neuen und nach der langen Ruhe der französischen Zeit um so mächtigeren Aufschwung. Die andere große Handels- und Schiffahrtsstadt des nordwestlichen Deutschlands, Hamburg, konnte sich zunächst noch nicht so recht von dem Eindrucke der Kontinentalsperre, der Elbblockade und der französischen Besetzung erholen. So kam es, daß, ungehindert durch den Wettbewerb der

„Die Weser". Nach einem alten Stich.

Im Jahre 1816 zu Vegesack durch Johann Lange erbaut.

Schwesterstadt, manche Bremer Häuser, namentlich jüngere, sich durch den plötzlichen Aufschwung zu ihre Kräfte weit überragenden Unternehmungen und Geschäften herbeiließen. Und als nun auch Hamburg sich endlich von dem Alp der vorangegangenen schlimmen Zeit befreit hatte und auf dem Plan erschien, trat an der Weser ein starker Rückschlag ein, und viele Häuser erlitten schwere Verluste oder gingen ganz zugrunde. Daher war denn die Stimmung in der Bremer Handelswelt um das Jahr 1816 eine sehr gedrückte. Um so höher ist der Wagemut Friedrich Schröders zu bewerten, der sich in dieser ungünstigen Zeit mit der Gründung einer Dampfschiffahrt auf der Weser beschäftigte.

Friedrich Schröder wurde im Jahre 1775 in Bremen geboren. Er war der Sohn eines Kaufmanns, der als überaus rühriger, weitblickender Geschäftsmann sich in der alten Handelsstadt großen Ansehens erfreute. Das weit verbreitete väterliche Geschäft befaßte sich als eines der ersten in Bremen mit der Einfuhr von nordamerikanischem Tabak, und Schröder sen. gründete im Jahr 1768 die erste Bremer Seeversicherungsgesellschaft.

Der aufgeweckte Knabe erhielt, nachdem er seinen Vater schon früh vorloren hatte — er war damals erst neun Jahre alt — durch seine Mutter mit Hilfe eines Hauslehrers eine vielseitige, gründliche Bildung und nach Beendigung seiner Lehrzeit in dem Hause Lameyer trat er in das inzwischen von seiner Mutter fortgesetzte, blühende väterliche Geschäft ein.

Auf größeren Reisen, die ihn in den Jahren 1797 und 1802 nach England, Frankreich und Spanien führten, wußte der junge Kaufmann dem Geschäfte neue Verbindungen zuzuführen und es so bedeutend zu erweitern. Auf einer seiner Reisen lernte er in Madrid den preußischen Gesandten W. v. Humboldt kennen, mit dem er auch später durch fortdauernde, herzliche Freundschaft verknüpft blieb.

Große Anteilnahme erregten bei Schröder die Fortschritte des Maschinenbaues, die er in England sorgfältig studierte, und in hohem Maße waren es die dort mit Dampfschiffen erzielten Erfolge, die seine Aufmerksamkeit fesselten. Durch seinen in London lebenden Schwager Droop blieb er in engster Beziehung zum englischen Dampfschiffbau.

Nachdem er in den Jahren vorher sich eifrig mit dem Plan der Gründung eines Dampfschiffunternehmens auf der Weser beschäftigt hatte, trat er im März 1816 damit hervor, indem er eine Eingabe an den Senat der Freien und Hansestadt Bremen machte.

Dieses die Verhältnisse und Anschauungen jener Zeit kennzeichnende Schriftstück lautet:

„Unter den nützlichsten Erfindungen, worauf der menschliche Geist in den letzten Jahren verfallen ist, behauptet diejenige, durch die Kraft des Dampfes große Massen in Bewegung zu setzen, gewiß eine der ersten Stufen. Es ist bekannt, daß von den kunstsinnigen Engländern, deren speculativem Geiste wir so manche nützliche Erfindung verdanken, zuerst die nachmals mit so vielem Erfolge ins Werk gerichtete Idee der Einrichtung sogenannter Dampfschiffe benutzt ist. Für eine Nation, welche ihren Wohlstand, der so oft vom Feinde beneidet, und vergebens zu untergraben versucht, den befreundeten Staaten dagegen oftmals, vorzüglich in den letzten Befreiungskriegen so heilbringend geworden ist, einzig und allein dem Handel und der Schiffahrt verdankt, müssen natürlich Entdeckungen, welche in dieser Sphäre ersprießliche Resultate liefern, interessanter seyn, als Fortschritte in irgend einem anderen Zweige des menschlichen Getriebes. Wir haben in den öffentlichen Blättern gelesen, zu welchem Grade der Ausbildung die Erfindung, über welche ich zu Ew. Magnificenzen, Hochwohl- und Wohlgeboren, zu reden die Ehre habe, zeither gelanget ist. Die Reise von London nach Paris hat ein Dampfschiff in auffallend kurzer Zeit zurückgelegt; zur Reise von erstgedachter Stadt bis Rotterdam bedurfte ein Dampfschiff des kurzen Zeitraums von 14 Stunden.

Nächst den Engländern und Americanern haben in der Folge auch andere Nationen, namentlich die Franzosen, sich von der Nützlichkeit der Sache überzeugt und auf der Seine Gebrauch davon gemacht; auch ist von seiten des Königs von Preußen die Anlegung derselben auf der Elbe befördert.

Wenn wir uns nun auch der Erfindung dieser für den Handel und die Schiffahrt so höchst wichtigen und nützlichen Einrichtung nicht rühmen können; so sollten wir, dünkt mich, uns doch vor dem Vorwurfe sichern, daß wir mit gleichgültigen Augen dem Fortschreiten anderer Nationen zusehen; vielmehr durch die Adoption einer so heilsamen Erfindung auch unserem Handel und unserer Schiffahrt die Erleichterung zu verschaffen suchen, welche einer auch für uns so allgemeinen Erwerbsquelle höchst wünschenswert ist.

Diese Ansicht der Sache brachte mich zuerst auf die Idee, einen Versuch mit Anlegung von Dampfschiffen auf der Weser, insofern unsere Localität es zuläßt, zu unternehmen, worüber ich folgende Details Ew. Magnificenzen, Hochwohl- und Wohlgeboren hiermit vorzulegen, mir die Erlaubnis nehme.

Es ist bekannt, mit welchen Schwierigkeiten die Communication zwischen Bremen und Vegesack und Braake, sowie der Transport der Waaren von letzterem Orte aufwärts, besonders bey niedrigem Wasser und widrigem Winde verknüpft ist. Der Rheder, dessen Schiff zu Braake liegt, hat so sehr oft Ursache, sich persönlich an Bord desselben zu begeben, um sich selbst zu überzeugen, daß auf Schiff und Ladung die gehörige Sorgfalt gewendet werde; allein er findet sich oft nicht in der Lage, sich seinen Geschäften während mehrerer Tage, welche jetzt eine Reise nach Braake und zurück hinnimmt, zu entziehen, und so unterbleibt dieselbe. Ein anderer scheut die bedeutenden Kosten einer solchen Reise. Der Kahnenführer, welcher die Güter von Braake heraufbringen soll, ist bey widrigem Winde oftmals gezwungen, 14 Tage lang unterwegs zu seyn; der durch diese Zögerung für die Eigentümer der Waaren entstehende Schaden ist mannigmal nicht zu berechnen. Allen diesen Nachtheilen wäre durch die von mir projektirte Anlegung von Dampfschiffen auf der Weser abzuhelfen, denn:

1. mit einem Dampfschiffe, welches für Passagiere einzurichten wäre, ließe sich die Reise nach Braake hin und wieder zurück in einem Tage bequem abmachen;

2. könnten Dampfschiffe den mit Waaren beladenen Kähnen als Vorspann dienen und dieselben so mit großer Schnelle an die Stadt befördern.

Der Nutzen, welchen dergleichen Dampfböte für den Handel und die Schiffahrt haben würden, leuchtet mithin in die Augen.

Je größer nun aber die Schwierigkeiten sind, welche bey unseren localen Verhältnissen, namentlich bey der Seichtigkeit des Stromes, sich dem von mir projektirten Unternehmen entgegenstellen, um so kostbarer müssen auch die Versuche ausfallen, welche ich, unter vorgängiger Genehmigung Ew. Magnificenzen, Hochwohl- und Wohlgeboren, anzustellen geneigt bin. Ich werde indeß keine Kosten scheuen, um ein für das Ganze so ersprießliches Werk zu Stande zu bringen, vielmehr die Versuche so lange wiederholen lassen, bis der gewünschte Erfolg sich zeigen wird. Die hierzu erforderlichen Summen bin ich bereit, aus meinem Vermögen allein zu bestreiten.

Dieses Anerbieten von meiner Seite fordert mich aber auf, im Falle eines, wie ich nicht bezweifle, günstigen Erfolges der von mir anzustellenden Versuche eine Garantie für die allmälige Wiedererlangung des sehr bedeutenden Kostenaufwandes zu wünschen und zu begehren. Diese Garantie würde hoffentlich in der mir und meinen Erben für einen Zeitraum von 25 Jahren ausschließend zu ertheilenden Befugniß, Dampfböte auf der Weser anzulegen, und zu den angeführten Zwecken zu benutzen, sich finden. Nach meiner Überzeugung kann der Ertheilung eines solchen privilegii exclusivi nichts im Wege stehen, vielmehr wäre dasselbe in der Billigkeit begründet, denn:]

1. es wird dadurch eine Einrichtung befördert, welche für unseren handelnden Staat von nicht zu berechnendem Nutzen sein würde.

2. erfolgt dadurch in keinem Wege irgend eine Beeinträchtigung der wohlerworbenen Rechte anderer. Es würde durchaus kein Nahrungszweig darunter das Mindeste leiden.

3. wäre es mit dem Rechte und der Billigkeit durchaus unverträglich, wenn ich allein die sehr bedeutenden Summen, welche die erste Einrichtung erfordern wird, aufwenden müßte, und dann andere, welche keinen Heller dazu hergaben, an dem künftig zu hoffenden Nutzen participiren.

Die von einem jeden Bürger mit gebührendem Danke anerkannte Bereitwilligkeit Ew. Magnificenzen, Hochwohl- und Wohlgeboren, allen das Staatswohl fördernden Einrichtungen und Unternehmungen, höchstdero Zustimmung zu ertheilen, läßt mich mit Zuversicht die Gewährung meiner Bitte erwarten, welche dahin zu erlassen ich mir erlaube, Hochdieselben geneigen:

> mir und meinen Erben zum Zwecke auf meine alleinige Kosten auf der Weser anzulegender Dampfböte, zu deren Einrichtung und Benutzung in angeführtem Maaße, auf fünfundzwanzig Jahre ein ausschließliches Privilegium Hochgewogendst zu ertheilen.

Der ich usw.

Der Senat erteilte das Privilegium am 18. Juni 1816, aber nicht aut 25 Jahre, wie Schröder beantragt hatte, sondern nur auf 15 Jahre bis zum 30. Juni 1831.

Nachdem dann auch mit vieler Mühe und nach fast endlosen Schreibereien die gleichen Rechte von den Regierungen in Oldenburg und Hannover erlangt waren, konnte nun unverzüglich mit dem Bau des Dampfschiffes begonnen werden.

Schröder hatte inzwischen schon alle Vorbereitungen getroffen und namentlich, obgleich er ja selbst im allgemeinen aus eigener Anschauung während seines Aufenthaltes in England mit dem Schiffbau vertraut war, mit hervorragenden Fachleuten Verbindung angeknüpft. Er wollte das Schiff in Deutschland gebaut haben und wandte sich daher an den damals in hohem Ansehen stehenden Schiffbaumeister Johann Lange in Vegesack, mit dem er zum Abschlusse eines Bauvertrages kam. Außerdem zog er zur Ausführung dieses bedeutsamen Unternehmens zwei andere tüchtige Fachleute heran, den Mechaniker Ludwig Georg Treviranus in Bremen und den Kapitän Zacharias Spilker. Diese drei Männer veranlaßte Schröder zu einer Studienreise nach England. Dort lernten sie das bisher im Dampfschiffbau Geleistete aus eigener Anschauung kennen und konnten sich so die gesammelten Erfahrungen bei der Ausführung des Unternehmens zunutze machen.

Die Lieferung der vollständigen Maschineneinrichtung wurde der Firma Boulton, Watt & Co. in Soho bei Birmingham übertragen, mit der Schröder durch seinen Schwager Droop in London Beziehungen angeknüpft hatte.

Nach Rückkehr der Sachverständigen wurde im Herbst 1816 mit dem Bau des Schiffes begonnen und dieser so gefördert, daß bereits am 30. Dezember desselben Jahres der Stapellauf erfolgen konnte.

Über die Einzelheiten der Einrichtungen und des Betriebes soll in einem besonderen Abschnitte berichtet werden, hier mag nur erwähnt sein, daß das Schiff, dem bei der Taufe der Name „Die Weser" gegeben wurde, am 6. Mai 1817 zum ersten Male nach Bremen kam. Seit dieser Zeit ist es bis zum Jahr 1833 für den Verkehr auf der Unterweser in Dienst gewesen.

Der Beifall, den das in jeder Richtung praktisch eingerichtete Schiff und die schnelle Verkehrsgelegenheit fanden, sowie der gute wirtschaftliche Erfolg, den das Unternehmen brachte, veranlaßte Schröder, noch in demselben Jahre an den Bau eines zweiten Dampfschiffes für den Verkehr auf der Oberweser bis Münden heranzutreten. Er machte in einer Eingabe an den Senat vom 29. September 1817 das Anerbieten, alle 14 Tage ein Dampfschiff nach Münden fahren zu lassen und erklärte sich bereit, die für diese Fahrt üblichen Frachtsätze nicht zu erhöhen.

Der Plan kam auch wirklich zur Ausführung. Das zweite Dampfschiff trat am 9. März 1818 seine erste Reise von Bremen nach Münden an, gebrauchte aber zu dieser Fahrt nicht weniger als 11 Tage. Dieses ungünstige Ergebnis und die geringe Unterstützung, die das neue Unternehmen bei der

Bremer Kaufmannschaft fand, veranlaßte Schröder, die Fahrt auf der Oberweser aufzugeben. Das Schiff wurde in den Verkehr zwischen Bremen und Vegesack eingestellt und ist mit dem Dampfer „Die Weser" bis zum Jahre 1820 dort in Dienst gewesen. Von da an nahm es nicht mehr an den Fahrten teil; die Gründe hierfür sind jedoch nicht bekannt geworden. 1830 wurde es auf Abbruch verkauft.

Die Dampfschiffahrt auf der Unterweser ist noch bis 1833 in Schröders Händen gewesen. Am 14. November 1833 macht er in der Bremer Zeitung folgendes bekannt:

Dampfschiffahrt.

„Die Fahrten des Dampfschiffes „Die Weser" werden mit der am Donnerstag, den 14. November noch stattfindenden Rückfahrt von Brake abgeschlossen.

Friedrich Schröder.

Sein Privilegium hob der Senat bereits 1826 auf, jedoch scheint Schröder zunächst nicht die Absicht gehabt zu haben, sich von dem Unternehmen der Dampfschiffahrt zurückzuziehen. Jedenfalls hat er sich 1832 bei der Bildung einer Aktiengesellschaft für Dampfschiffahrt auf der Unterweser durch Übernahme von Aktien beteiligt. Allein dies Unternehmen ist nicht durchgeführt worden, wahrscheinlich weil die Einstellung eines mit der neuesten technischen Einrichtung ausgestatteten Dampfers durch Johann Lange in Vegesack bevorstand.

Um die vielseitigen Verdienste Friedrich Schröders um das Gedeihen seiner Vaterstadt und ihres Handels völlig zu würdigen, muß noch erwähnt werden, daß er, abgesehen von der Erbauung des ersten brauchbaren Dampfschiffes und der ersten Durchführung einer regelmäßigen Dampfschiffahrt in Deutschland, auch in anderer Beziehung seine ungewöhnlich reiche Begabung und Willenskraft in die Dienste der Allgemeinheit stellte. So arbeitete er lange an dem Plane, für die Stadt Bremen ein Wasserwerk zu errichten. Er griff von Senator Gildemeister schon im Jahre 1802 in einer kleinen Druckschrift geäußerte Gedanken über ein solches Werk auf und ließ durch Treviranus diesen Plan in vergrößertem Maßstabe ausarbeiten. Allein an der mangelhaften Beteiligung seiner in solchen Fragen wenig einsichtsvollen und weitblickenden Mitbürger scheiterte das Unternehmen. Mehr Erfolg und mehr Dank erntete er bei seinem berühmten Zeitgenossen Bürgermeister Smidt, dem Gründer Bremerhavens, dem er in Frankfurt a. M. bei seinen Verhandlungen über Schiffahrtsangelegenheiten mit seinen gründlichen Kenntnissen und seiner großen Arbeitskraft zur Seite stehen konnte.

Mit besonderer Hingebung widmete er sich naturgemäß der Bremischen Seeversicherungsgesellschaft, der Gründung seines Vaters, in deren Leitung er 1825 berufen wurde, und der er noch zehn Jahre bis zu seinem am 3. Oktober 1835 erfolgten Tode angehörte.

Obwohl ihn die Fülle und Vielseitigkeit seiner Unternehmungen mehr an das praktische Leben fesselten, ist Friedrich Schröder doch stets auch ein warmer, inniger Freund aller Bestrebungen der Kunst und Wissenschaft gewesen und neben seinen außerordentlichen geschäftlichen Leistungen hat er immer noch Zeit gefunden, auch auf diesen Gebieten mitzuarbeiten und seinen Neigungen nachzugehen.

Die Bedeutung Friedrich Schröders für seine Vaterstadt läßt sich nur dann im ganzen Umfange erkennen und recht würdigen, wenn man sich vergegenwärtigt, wie es im allgemeinen zu der Zeit, als Schröder ins Leben trat, um die Bevölkerung [der alten Hansestadt stand. Otto Gildemeister erzählt uns mit herber, aber treffender Wahrheit und doch so viel liebenswürdiger Nachsicht, wie man in Bremen, engbegrenzt im Tun und Treiben, im Lieben und Hassen, ohne weiteren Horizont ruhig dahinlebte und „den von den Vätern ererbten Vorrat an geschäftlichen Fäden, sei es nun in Handel und Gewerbe, sei es in Verwaltung, Rechtspflege, Kirche und Schule, einförmig und behaglich weiterspann". Er glaubt seinen Vorfahren jener Zeit nicht unrecht zu tun, wenn er sie im großen und ganzen als eingerostetes Spießbürgertum darstellt. „Überhaupt Schläfrigkeit war die Signatur der Zeit. Das alte Leben hatte sich so ausgelebt in den gewohnten Formen, daß es allmählich einzuschlummern begehrte; es war die dunkelste und stillste Stunde, welche dem neuen Morgen die nächste ist; die Hähne hatten schon gekräht an allen Ecken und Enden, aber die Schläfer lagen noch unaufgeschreckt im hochgetürmten, altfränkischen Bett. Jeder Vergleich hinkt, also auch dieser, aber das Bild vom Schlafe hat meines Erachtens einen guten Platz hier. Denn es zeigte sich später, daß der Geist und die Kraft, welche in großen Zeiten unserer Geschichte gewaltet hatten, nicht abgestorben, daß sie nur betäubt waren und nichts weiter bedurften, als eines mächtigen Schüttelns und Rüttelns, um in alter Glorie zu erwachen. Woran es dann bekanntlich auch nicht gefehlt hat."

Wenn dann in pietätvollem Gedenken an solche Zustände in der „alten Stadt mit ihren komischen Perrücken und ihrem rechtschaffenen Herzen, ihrer gravitätischen Steifheit und ihrer patriarchalischen Unschuld" die Namen der Männer genannt werden, die das Krähen der Hähne zuerst vernahmen, die das Wesen der heraufziehenden neuen Zeit richtig erkannten, die Anschluß an die Gegenwart mit ihren mächtigen Fortschritten und Problemen suchten und fanden, so darf der Name Friedrich Schröder nicht vergessen werden.

Nicht daß Schröder einen so tiefgehenden Einfluß auf seine Mitbürger ausgeübt hätte und seiner Vaterstadt in dem Maße ein sicherer Pilot in die neuen Zeitläufe und Verhältnisse hinein gewesen wäre, wie sein großer Zeitgenosse Johann Smidt, aber schon die eine Tatsache, daß er es war, der zuerst an den Gestaden seiner Vaterstadt und überhaupt in Deutschland die Dampfschiffahrt erfolgreich durchführte und damit seinen seefahrenden Mitbürgern neue Bahnen wies, sollte ihm ein bleibendes Andenken bei der Nachwelt sichern.

### Johann Lange und Johann Raschen.

Der deutsche Schiffbau hat seit langer Zeit in den bedeutenderen Ortschaften der Unterweser eine hervorragende Heimstätte gehabt, besonders in dem kleinen Bremer Städtchen Vegesack. Dort legte die mütterliche Freie und Hansestadt Bremen in den Jahren 1619—1622 einen Hafen an, weil die größer und größer werdenden Seeschiffe bei dem immer mehr versandenden Fahrwasser der Weser die alte Handelsstadt nicht mehr mit genügender Sicherheit zu erreichen vermochten. Seit der Erbauung dieses Hafens ist der Schiffbau in und bei Vegesack mit dem größten Eifer betrieben worden. Zu großartigster Entwickelung jedoch gelangte er hier erst, als gegen Ende des 18. Jahrhunderts Bremens Seehandel, der bis dahin auf die europäischen Meere beschränkt geblieben war, sich mit wachsendem Erfolge an dem Weltverkehr, an dem Verkehr vornehmlich mit Nordamerika und Westindien zu beteiligen begann.

Auf den Schiffbauplätzen der Unterweser in Bremen, Burg, St. Magnus, Vegesack und Rönnebeck standen 1781 nicht weniger als 30 neue Schiffe von 100—200 Last*) Tragfähigkeit auf Stapel und 1783 wurde das zu jener Zeit größte Bremer Schiff „Prinz Friedrich" in Vegesack für die Handelskompagnie gebaut, die seit 1776 eine regelmäßige Schiffahrtsverbindung mit den ostindischen Hafenplätzen, besonders Batavia, unterhielt.

---

*) Unter dem Ausdruck Last ist bei Bremer Schiffen die Roggenlast von 4000 Pfund Gewicht zu verstehen, während in Hamburg die sogenannte Kommerzlast von 6000 Pfund Gewicht gebräuchlich war.

Neben den Werften von Bosse in Burg und Raschen in St. Magnus war um diese Zeit die von dem Schiffbaumeister Johann Janßen 1789 in Vegesack errichtete die bedeutendste; sie hatte eine Wasserseite von 300′ Länge und war ungefähr 100′ tief; für jene Zeit eine achtunggebietende Ausdehnung.

Hier baute Janßen neben vielen anderen Fahrzeugen 1797 ein damals großes Aufsehen erregendes Schiff von 230 Last Tragfähigkeit, das einen Kostenaufwand von 9700 Reichstalern erforderte. Dieser große Segler war für den Walfischfang bei Grönland bestimmt.

Eine Werkstatt wie diese Werft, wo so Hervorragendes geleistet wurde, ein Meister wie Janßen, dem solche Tatkraft und solcher Unternehmungsgeist zur Seite standen, mußten für einen jungen Menschen von strebsamem und ehrgeizigem Charakter eine vorzügliche Schule und einen erfolgreichen Lehrer geben. Der Schüler von solcher Art war Johann Lange.

Als Sohn eines Zimmermanns, Conrad Lange in Vegesack, wurde Johann Lange in dessen zweiter Ehe mit einer Melchers aus St. Magnus am 1. März 1775 geboren. Nach dem frühen Tode seines klugen und in seinem Handwerk besonders geschickten Vaters nahm ihn sein Pate, der Schiffbaumeister Joh. Janßen in die Lehre. Der Meister führte den aufgeweckten, lernbegierigen Jüngling in alle Zweige des Schiffbaugewerbes ein, förderte die ihm angeborene Geschicklichkeit in hohem Maße und bildete ihn so zu einem auch den schwierigsten Aufgaben gewachsenen Fachmann heran. Als Janßen bereits im Jahre 1802 starb, übertrug seine Witwe dem jungen Lange, der schon in den letzten Jahren als Meistersknecht die rechte Hand Janßens gewesen war, die Fortführung der Geschäfte für ihre Rechnung.

Nachdem im Jahr 1802 seine Mutter gestorben war, begründete Lange, der Zeit seines Lebens einen stark ausgeprägten Sinn für ein behagliches Familienleben gehabt und im trauten Kreise der Seinen stets sein höchstes Glück gefunden hat, mit Anna Raschen, der 1784 geborenen Tochter des Schiffbauers Raschen in St. Magnus, einen eigenen Hausstand. In ihr fand er die seinem weichen Gemüte Rechnung tragende, treue Gefährtin seines arbeitsreichen Lebens und eine verständnisvolle, zu immer neuen Unternehmungen aufmunternde Teilnehmerin seiner Berufstätigkeit, von den ersten Anfängen bis zu den letzten großartigen Entwickelungen seiner Geschäfte, einen Lebenskameraden in des Wortes erhabenster Bedeutung, von hervorragendsten Eigenschaften des Herzens und Verstandes.

In dem Maße, wie das Bewußtsein seiner eigenen Fähigkeiten und seiner eigenen Kraft in dem strebsamen Mann wuchs, regte sich in ihm der Wunsch nach einem völlig selbständigen Wirkungskreise; er wollte weiter und vor allem, er wollte ganz sein eigener Herr sein.

So begann er denn 1805 in Vegesack auf dem am rechten Ufer des sogenannten Alten Tiefs gelegenen, zunächst gemieteten, Zimmerplatze von Schröder für eigene Rechnung Schiffe zu bauen.

Allein die ersten Jahre seiner selbständigen Tätigkeit brachten ihm manche bittere Enttäuschung und manche sorgenvolle Stunde. Die Kriegsjahre und die französische Zeit mit ihrer Kontinentalsperre legten Handel und Wandel völlig lahm, und auch der Schiffbau, wie die damit verbundenen Gewerbe hatten schwer zu leiden. Der Bau von freien, friedlichen Kauffahrteischiffen stockte völlig, und ein nur schwacher Ersatz fand sich in der Nachfrage nach Schiffen völlig ungewohnter Art, die teils für den Zolldienst bestimmt waren, teils umgekehrt für den Schmuggelverkehr mit Helgoland und über die der Nordseeküste vorgelagerten Watten oder auch landeinwärts auf dem damals noch fahrbaren Kanal zwischen Weser und Elbe verwandt werden sollten. Gleichwohl baute Lange während der Jahre 1805—1811 im ganzen 20 Fahrzeuge von meist allerdings nur geringem Umfange; dazu kam die Ausbesserung von zwei französischen Kanonenbooten, die unter Aufsicht französischer Offiziere von ihm ausgeführt wurde. 1812 und 1813 stockte der Schiffbau vollständig, und erst 1814, nachdem endlich der Frieden wiedergekehrt war, konnte die volle Tätigkeit aufgenommen werden.

In diesem Jahre noch wurde Lange Eigentümer des bis dahin gemieteten Bauplatzes und erwarb gleichzeitig ein am linken Ufer des Alten Tiefs auf hannoverschem Gebiete liegendes Gelände, wo er sofort mit der Errichtung neuer Helgen begann. Beide Plätze verband er durch eine Drehbrücke, die er später, nachdem sie im Winter von 1829 auf 1830 durch Eisgang weggerissen worden war, durch eine Fallbrücke ersetzte. Zollschwierigkeiten, die sich durch die Verlegung eines Teiles des Werftbetriebes auf hannoversches Gebiet ergaben, überwand er dadurch, daß er sich mit der Regierung in Hannover auf die Zahlung einer bestimmten jährlichen Abfindungssumme für eingeführtes Schiffbaumaterial verständigte.

Mit dem wiedereinsetzenden Aufleben des Handels und der Schiffahrt beginnt auch die Blütezeit der Langeschen Werft. Lange selbst unternimmt in den folgenden Jahren zur Anknüpfung von Geschäftsbeziehungen, zur eigenen Belehrung und zur Erweiterung seines Gesichtskreises längere Reisen; so 1815 nach Schweden und zurück über Königsberg und Danzig, 1816 nach

England zu Studienzwecken für den Bau des von Friedrich Schröder in Bremen bestellten Dampfschiffes, 1817 nach Stettin.

In den folgenden Jahren war die Seefahrt sicher und ungestört, aber nicht gerade lebhaft. Ein Haupterwerbszweig der Bremer Schiffer, die Grönlandsfahrt und der Walfischfang, brachte keine guten Erfolge, und das wirkte auf den Schiffbau zurück. Daher sah sich Lange veranlaßt, seine Brigg „Ökonomie" selbst nach Riga zu führen und mit Holz, Pech, Segeltuch und anderem Schiffbaubedarf beladen wieder heimzubringen; so Erbauer, Kapitän, Reeder und Kaufmann in einer Person.

Allein die Zeiten besserten sich bald und nachhaltig.

Es vollziehen sich für Bremen, seinen Handel, seine Schiffahrt und alles, was damit zusammenhängt, wichtige Ereignisse. Da ist zunächst die Gründung Bremerhavens 1827, ein Werk von Johann Smidt, dem hervorragendsten Bürgermeister der alten Hansestadt. Smidt hatte mit weit ausschauendem Blick richtig erkannt, daß die Wohlfahrt und die Entwickelung seiner Vaterstadt wesentlich auf dem Gedeihen des Seeverkehrs beruhe und, daß dem einen der Hindernisse des Seeverkehrs, dem mehr und mehr um sich greifenden Versanden der Weser, mit den vorhandenen technischen Hilfsmitteln nicht erfolgreich zu begegnen sei. Er sah daher seine Lebensaufgabe darin, an der Wesermündung einen Hafen zu schaffen, der imstande sei, auch den größten nur denkbaren Schiffen zu jeder Zeit sicheren Aufenthalt zu gewähren, eine Aufgabe, die in dieser Zeit ihre glückliche Lösung fand.

Da sind ferner die von den Hansestädten Hamburg und Bremen mit den Vereinigten Staaten von Amerika abgeschlossenen, am 2. Juni 1828 veröffentlichten Verträge, die bezwecken sollten: „dem Handelsverkehr der beiden Kontrahenten größere Erleichterungen zu verschaffen und ihre Schiffahrtsbegünstigungen auf die Grundlage weitest gehender Freiheit zu stellen."

Und schließlich ist da die zunehmende Auswanderung nach Amerika, deren Weg sich mehr und mehr über Bremen zu lenken begann, da die Bremer Schiffsreeder alle Anstrengungen machten, den Europamüden die besten Verkehrsmittel und die schnellste Reisegelegenheit zur Verfügung zu stellen.

Diese Ereignisse und Verhältnisse wirkten zusammen und führten eine glänzende Zeit neu erblühten Schiffahrtslebens an der Weser herbei.

Daß ein Mann wie Lange, von der ausgezeichneten Gabe, sich in böse Zeit zu schicken und die gute vorahnend schnell zu benutzen, während einer

solchen Wiederkehr aufsteigender Entwickelung seine ganze Tatkraft einsetzte
und sie reichlich belohnt fand, ist natürlich. Damals haben sich seine
glänzenden Eigenschaften, sein energischer Charakter und sein scharfblicken-
der Geist am besten bewährt und, unterstützt von seiner rastlosen, ihre Zeit
ganz verstehenden und ganz beherrschenden Gattin, hat er damals seine
größten Erfolge erzielt.

In einem beigefügten Verzeichnis sind die bei Lebzeiten Johann
Langes auf seiner Werft erbauten Schiffe besonders aufgeführt.

Bei der Fülle und Mannigfaltigkeit einer so überaus fruchtbaren Tätigkeit ist es unmöglich, auf jedes einzelne Bauwerk einzugehen; über die meisten
sind auch leider kaum die allerdürftigsten Angaben erhalten geblieben; nur
über einzelne besonders hervorragende Bauten und über Langes übrige
Tätigkeit sei hier noch einiges gesagt.

Von seinen Werken hat wohl kaum ein anderes so hohe Bedeutung —
andere mögen größeres Aufsehen und bei dem auch im Binnenlande wachsenden Interesse für die deutsche Seefahrt größere Teilnahme erregt haben —
wie die Erbauung des ersten deutschen Dampfschiffes „Die Weser", das im
Jahre 1816 von Friedrich Schröder in Bremen in Auftrag gegeben, noch
im Dezember desselben Jahres vom Stapel gelassen und durch Langes Tüchtigkeit und Sachkenntnis im Frühjahr 1817 vollendet wurde.

Die vorliegende Schrift hat den Zweck, die über dieses Schiff noch
erreichbaren Nachrichten zusammenzufassen und zu veröffentlichen, daher
ist die Bedeutung des Werkes in einem besonderen Abschnitte eingehend
gewürdigt, so daß hier dessen Erwähnung genügt.

Nicht allein Aufgaben, bei denen es galt, neues einzuführen und
Schwierigkeiten zu überwinden, wie bei dem Bau des Dampfers, reizten
Lange, nein, in der Überwindung sogenannter Unmöglichkeiten suchte er
seinen Eifer und seine Tatkraft zu befriedigen. Ein Beispiel dafür. Als im
Jahre 1827 die Schiffahrt in hoher Blüte stand, traf eines Tages der Chef des
Bremer Hauses D. H. Wätjen & Co. mit Lange zusammen und klagte ihm
sein Leid. Er könne eine besonders lohnende Fracht von 160 Last nach
Amerika abschließen, aber leider sei keines seiner Schiffe in der Heimat.
Lange erklärte sich sofort bereit, seinem alten Geschäftsfreunde zu helfen,
und erbot sich, in sechs Wochen ein Schiff von 160 Last zu bauen. Der
Vertrag wurde abgeschlossen, und die Zähigkeit und Energie Langes
brachten das verlangte Schiff wirklich in sechs Wochen zur Ablieferung.
Am 20. September 1827 lief die innerhalb dieser kurzen Zeit vom Kiel bis

zum Flaggenknopf vollendete Bark „Charles Ferdinand", Kapitän Klencke, vom Stapel.

Daß nach so bedeutenden Leistungen Langes Name in den Schiffahrtskreisen der anderen Seestädte, namentlich Hamburgs, Ansehen und höchste Anerkennung fand, kann nicht verwundern, und daß ihm auch von diesen Seiten reichliche Aufträge zuflossen, versteht sich von selbst. So baute er für die Hamburger Firma Keudgen im Jahr 1829 den Dampfer „Concordia", der für die Verbindung zwischen Hamburg und Harburg bestimmt war, und später noch ein zweites gleichartiges Dampfschiff mit Namen „Gutenberg", die lange zwischen Hamburg und Stade verkehrten.

Es braucht kaum gesagt zu werden, daß Langes vielseitige Erfahrung und erprobte Tüchtigkeit auch in Anspruch genommen wurde, wenn es sich um Bauten für Regierungszwecke der benachbarten Staaten handelte. Sei es, daß die Anschaffung von Leuchtschiffen oder Baggermaschinen geplant war, sei es, daß es sich um Kreuzerfahrzeuge für die Lotsengesellschaften handelte, seine Meinung wurde gehört, sein Rat eingeholt, und eine große Zahl solcher Bauten sind nach seinen Plänen entstanden und in seinen Werkstätten ausgeführt worden.

Keineswegs beschränkte Lange seine Tätigkeit allein auf den Schiffbau, wenngleich dies Gebiet stets sein besonderes Arbeitsfeld blieb. Gelegentlich griff er auch auf andere verwandte Gebiete über, wie es die Verhältnisse mit sich brachten, und besonders dann gern, wenn es sich darum handelte, Schwierigkeiten zu überwinden.

Ein Beispiel im kleinen dafür ist ein Kran, den er für das Bremer Haus Rodewald am Neustadtdeich in Bremen baute und aufstellte. Das nach einem neuen, damals in Bremen unbekannten und für unausführbar erklärten Modell hergestellte Bauwerk wurde, um nicht gegen die städtischen Zunftgesetze zu verstoßen, durch Langes unzünftige Arbeiter in wenigen Stunden aufgerichtet, so daß es noch vor Sonnenuntergang fertig dastand.

Im Großen legt ein während der Jahre 1837/1840 in Bremerhaven erbautes Trockendock von der vielseitigen Tätigkeit und zähen Ausdauer Langes beredtes Zeugnis ab, ein Unternehmen, bei dem er sehr viel Lehrgeld zahlen mußte, und das ihm eben deswegen und, weil er es schließlich doch zustande brachte, sehr am Herzen lag und sein Stolz und seine Freude war.

Daneben baut er Brücken und Schleusen; und zahlreiche Häuser, die er für sich und seine große Familie errichtet, sprechen von der weitreichenden Tätigkeit Langes und seinem wachsenden Erfolge.

Immer neue Gebiete zieht er in den Kreis seiner Arbeit; so ist er Großhändler und Reeder neben dem Kleinkaufmann, der die Bedürfnisse seiner zahlreichen Arbeiter befriedigt. Er gibt den Anstoß zum Wiederaufleben des Walfisch- und Seehundsfanges durch Erbauung seiner Grönlandfahrer und Errichtung einer Transiederei, er unternimmt, nachdem das Privilegium Schröders erloschen ist, eine regelmäßige Weser - Dampfschiffahrt, in die er den mit allen Errungenschaften der Technik jener Zeit ausgestatteten Dampfer „Bremen" einstellt, er wird städtischer und ländlicher Grundbesitzer in allen drei Uferstaaten der Unterweser und vermag dabei die Verwaltung und Leitung dieses ausgedehnten Besitzes doch ineinandergreifen zu lassen, ohne den Überblick zu verlieren.

Wenn Johann Lange so auf der Höhe des Lebens stehend, von Erfolg zu Erfolg fortschritt, ist es unzweifelhaft, daß neben seinen glänzenden Eigenschaften als Schiffbauer und Reeder, Industrieller und Kaufmann eine andere glückliche Gabe ihn wesentlich förderte und ihm seinen aufwärts gehenden Weg erleichterte, die Gabe, zur geeigneten Zeit in dem Maße, wie sich sein Arbeitsfeld vergrößerte, die richtigen Mitarbeiter zu finden und zu fesseln, die mit Verständnis und Hingebung den seinem weitblickenden Geiste vorschwebenden Zielen nachstrebten. Neben seiner in dieser Beziehung hervorragendes leistenden Gattin, auf deren Bedeutung für die glückliche Entwickelung von Langes Unternehmungen hinzuweisen schon Gelegenheit war, fand er tatkräftige Stützen an zwei Brüdern seiner Frau, Martin und Johann Raschen, sowie später auch an seinen Söhnen Johann, Karl, Martin, Dietrich und Gerhard.

Von den beiden Brüdern Raschen, die vorwiegend im Werftbetriebe tätig waren, widmete sich der ältere, Martin, besonders der Holzbearbeitung, während der jüngere, am 4. Mai 1803 in St. Magnus geborene, Johann Raschen, sein umsichtiges Interesse den Eisenarbeiten zuwandte. Er fand in der Leitung der Schmiede und dem freilich zunächst noch in den kleinsten Kinderschuhen steckenden Maschinenwesen einen ihm zusagenden Wirkungskreis, in dem er mit der ihm eigenen Hingebung und selbstlosen Aufopferung völlig aufging. Bei der wachsenden Größe der Seeschiffe wurden die Anforderungen an die Schmiedearbeiten, die ja im Schiffbau von jeher eine wichtige Rolle gespielt haben, immer höher und die herzustellenden Stücke immer größer und in der Verarbeitung schwieriger. Und als es dann notwendig wurde, nach und nach zum Maschinenbetriebe überzugehen und zunächst wenigstens Reparaturgelegenheit für die auf der Weser zahlreicher

werdenden Dampfer zu schaffen — die Dampfmaschinen und Kessel wurden
zu dieser Zeit noch aus England bezogen — war es Johann Raschen, der
sich der Durchführung dieser Neuerungen besonders annahm und dabei vom
ersten Morgengrauen an mit unermüdlichem Eifer die naturwissenschaftliche

**Johann Lange,**
Schiffbaumeister in Vegesack
nach einem alten Ölgemälde.

geb. am 1. März 1775 — gest. am 29. April 1844.

und technische Literatur studierte, um die ihm zunächst mangelnden wich-
tigsten Kenntnisse zu sammeln und in den Betrieben seines Schwagers nutz-
bringend zu verwerten. Daneben machte Raschen mit seinem Neffen Joh.
Lange jun. Reisen nach England, das, wie auf jedem Gebiete industrieller
Tätigkeit, so ganz besonders im Schiffbau und Maschinenwesen, das einzige
Vorbild war. Dort sahen sie, wie man im Schiffbau und besonders auch bei

der Eisenverarbeitung für den Maschinen- und Kesselbau sich der neuen technischen Errungenschaften bediente, und das Gesehene und Gehörte suchten sie daheim zu verwenden.

Ein Zeugnis seiner Maschinenstudien in England ist eine kleine Loko-

**Johann Raschen,**
Schiffbaumeister in Vegesack
nach einer alten Daguerreotypie.

geb. am 4. Mai 1803 — gest. am 14. April 1884.

motive, die er 1837 nach seinen Angaben in den Werkstätten der Werft bauen und als einen Gegenstand allgemeinen Staunens und Bewunderns oftmals vor einem größeren Publikum fahren ließ.

Bald nach Langes Tode wurde Joh. Raschen Teilhaber der Firma und hat ihr bis in die Mitte der siebziger Jahre angehört. An der um das Jahr 1846 durchgeführten Einrichtung der Werft für Eisenschiffbau hatte er hervorragenden Anteil, und unter seiner Leitung wurde 1847 der erste eiserne Dampfer, der Flußdampfer „Bremen", gebaut. Auch in der folgenden Zeit widmete er sich dem Ausbau dieser Anlagen, wie auch ganz besonders der Einrichtung einer Eisengießerei.

Ein schwerer Schlaganfall, von dem er sich nicht mehr erholen konnte, setzte im Jahr 1877 der Tätigkeit Johann Raschens ein Ziel, und am 14. April 1884 ist dieser um den deutschen Schiffbau verdiente, treue und selbstlose Mitarbeiter Johann Langes verschieden.

Bis zu welchem Grade sich das Geschäft an Ausdehnung unter den Händen seines Gründers Johann Lange entwickelt hat, geht aus einer eigenhändigen Aufzeichnung Langes hervor, wonach im Jahr 1842 nicht weniger wie 599 Mann in seinen Anlagen beschäftigt waren, davon 94 an Bord seiner 4 Seeschiffe und der beiden Flußdampfer, die übrigen als Zimmerleute usw. in seinen Betrieben zu Vegesack und Bremerhaven. Daß solche seinem schöpferischen Geiste entsprungenen Unternehmungen nicht ohne Rückwirkung auf den Wohlstand der Bevölkerung der beteiligten Staaten, vornehmlich also Bremen und Hannover bleiben konnten, ist natürlich, und so ist es verständlich, daß ihm, obwohl er nicht hannoverscher, sondern bremischer Staatsangehöriger war, von der Königl. hannoverschen Regierung im Jahr 1841 als Anerkennung für seine Tüchtigkeit und seine Verdienste um die Hebung der Wohlfahrt der hannoverschen Umgebung seines Wirkungskreises die goldene Verdienstmedaille verliehen wurde.

Das Vertrauen auf die auch fernere Mitarbeit solcher Männer, wie der Gebrüder Raschen, erleichterte Lange den Entschluß, mit dem Jahr 1844 sich von seinen Geschäften zurückzuziehen und diese seinen Söhnen zu überlassen. Mit dem am 19. April 1844 erfolgten Stapellaufe des für seine alten Geschäftsfreunde D. H. Wätjen & Co. erbauten Vollschiffes „Leontine", von 430 Last Tragfähigkeit, welches das größte aller Schiffe war, die je zuvor von Lange und überhaupt an der Weser gebaut wurden, hatte er sich vorgenommen, seine Tätigkeit abzuschließen, ohne zu ahnen, daß auch der Abschluß seines arbeitsreichen Lebens nahe sei. Schon zehn Tage später, am 29. April 1844 erlag Lange einem Schlaganfall, als er sich auf Besuch bei seiner Tochter Anna, der Gattin des Kapitäns J. W. Wendt*) in Bremen, aufhielt.

---

*) J. W. Wendt führte in den Jahren 1822—34 im Auftrage der Königl. preußischen Seehandlungs-Sozietät in Berlin vier Erdumseglungen aus, davon die ersten zwei als Steuermann, die letzten beiden als Kapitän. Die Erdumseglungen dienten damals in erster Linie

## Modell einer Lokomotive.

Erbaut im Jahre 1837 von Joh. Raschen-Vegesack.

So ist Joh. Lange doch recht eigentlich mitten aus seiner beruflichen Tätigkeit heraus abberufen worden und, wenn etwas ihm den Ausgang seines Lebens verschönt hat, ihm, der sich bis zur letzten Stunde die heitere Frische und kindliche Einfachheit des Gemütes zu bewahren wußte, so war es einerseits das volle Gefühl von Herzen kommender Dankbarkeit für alles Glück und alle Erfolge, die ihm auf seinem Lebenswege beschieden waren, und andererseits das patriarchalische gemeinsame Wirken mit seiner Gattin, seinen Söhnen, Schwägern und allen seinen Mitarbeitern an den Werken, denen er seine Lebensarbeit geweiht hatte.

Nach dem Tode Johann Langes ging die Werft in Vegesack zunächst in den Besitz seines ältesten Sohnes, Johann Lange jun., über, während die Bremerhavener Anlagen von seinem zweiten Sohne Carl unter der Firma Carl Lange Johanns Sohn übernommen wurden. Im Jahr 1855 kaufte Carl Lange auch die Vegesacker Werft an.

Carl Lange widmete sich in der folgenden Zeit besonders seiner Firma in Bremerhaven und baute hier anfangs der 60er Jahre ein zweites großes Trockendock, vornehmlich, um den Ansprüchen der an Größe immer weiter wachsenden Dampfer des Norddeutschen Lloyd gerecht werden zu können. Die Leitung der Vegesacker Werft überließ er seinem Teilhaber Johann Raschen sen.

Als Carl Lange sich zu Beginn der 80er Jahre infolge anhaltender Kränklichkeit von den Geschäften zurückziehen mußte, übernahm Johann Raschen jun., der schon seit 1862 zuerst in Vegesack, seit 1874 in Bremer-

---

Handelszwecken; besonders sollten dem preußischen Handel und der preußischen Schiffahrt neue Gebiete erschlossen werden. Doch abgesehen von diesen rein kaufmännischen Aufgaben, waren solche wissenschaftlicher Natur gegeben und zu lösen. Hierher gehörten astronomische Messungen, genaue Bestimmungen einzelner Inseln, Küsten und Häfen, Untersuchungen über die Meeresströmungen, die Luftströmungen und schließlich ethnographische Forschungen. Diesen Aufgaben widmete sich der junge Wendt auf seinen Reisen, unterstützt durch seine wissenschaftliche Begabung und seinen hohen Forschungssinn, mit großem Eifer und erntete mit den Ergebnissen seiner Beobachtungen und Untersuchungen höchste Anerkennung der wissenschaftlichen Welt. 'Alex. v. Humboldt hat wiederholt in Briefen an Kapitän Wendt seiner Bewunderung für Wendts überaus wertvolle Arbeiten Ausdruck gegeben.

Vor allem aber hat Wendts Name durch eine große Arbeit höchste Bedeutung erlangt. Wendt stellte im November 1846 nach unendlich mühseligen und kostspieligen Versuchen eine elektrische Telegraphenlinie zwischen Bremen und Bremerhaven fertig, die er dem öffentlichen Verkehr übergab. Es ist dies der erste Telegraph in Deutschland, der öffentlichen Zwecken diente.

haven in den Langeschen Werken tätig gewesen war, die Leitung beider Betriebe für die Langeschen Erben.

Auf beiden Werften, in Vegesack und Bremerhaven, sind in der Zeit nach dem Tode ihres Gründers eine große Zahl hervorragender Bauten an Segelschiffen und Dampfern entstanden. Der Holzschiffbau wurde noch bis gegen das Jahr 1870 betrieben; seit dieser Zeit sind, nachdem inzwischen die Einrichtungen für Eisenschiffbau immer mehr vervollständigt worden waren, mit einzelnen Ausnahmen nur noch eiserne Schiffe gebaut worden. Durch Joh. Raschen jun. wurden 1882 auch auf den Trockendockanlagen in Bremerhaven Einrichtungen für Eisenschiffbau geschaffen, die vornehmlich Reparaturzwecken dienten. Entsprechend den mehr oder weniger günstigen Verhältnissen der Schiffahrt und des davon abhängigen Schiffbaues herrschte in den Werken der Firma Lange in diesen Jahrzehnten eine emsige oder auch eine ruhigere Tätigkeit. Ganz besonders flott war der Geschäftsgang um das Jahr 1890, sowohl in Vegesack wie in Bremerhaven. Dort wurden eine Reihe der stattlichsten und schönsten Segler der Weserflotte gebaut, wie man sie an Größe vorher nicht gekannt hatte, hier bot sich bei dem flotten Gange der Schiffahrt reichliche Arbeit in Reparaturen.

Im Jahr 1893 ging die Vegesacker Werft in den Besitz der neu gegründeten Aktiengesellschaft Bremer Vulkan über, an deren Spitze Viktor Nawatzki berufen wurde, der schon einige Jahre in der Firma Johann Lange tätig und in den letzten Jahren an ihrer Leitung beteiligt gewesen war. Die Anlagen der Bremerhavener Firma Carl Lange Johanns Sohn wurden im Jahr 1895 an die Aktiengesellschaft G. Seebeck in Bremerhaven verkauft.

Der Bremer Vulkan führte zunächst den Betrieb der Vegesacker Werft von Lange fort, kaufte aber schon im folgenden Jahre 1894 die Werft der Bremer Schiffbaugesellschaft vorm. H. F. Ullrichs in Vegesack hinzu und verlegte nunmehr den ganzen Betrieb nach dem neu erworbenen Gelände, das sich vorzüglich zu einer unbedingt notwendigen Verlängerung der Helgen und Vergrößerung der übrigen Anlagen eignete. Dort ist in den folgenden Jahren eine Werft entstanden, die, mit den modernsten technischen Einrichtungen ausgestattet, den inzwischen außerordentlich schnell gewachsenen Anforderungen im Schiff- und Schiffsmaschinenbau in jeder Hinsicht zu entsprechen vermag und auch durch eine große Zahl von Bauten, insbesondere für den Norddeutschen Lloyd und die Hamburg-Amerika-Linie, von ihrer hohen Leistungsfähigkeit Zeugnis abgelegt hat.

## Verzeichnis der bis zum Tode Johann Langes auf seiner Werft erbauten Schiffe.

| Nummer | Tag des Stapellaufes | Name des Schiffes | Name des Kapitäns | Name des Reeders | Größe und Bauart des Schiffes (Last) | |
|---|---|---|---|---|---|---|
| 1 | 29. Nov. 1805 | Adelheid Wilhelmina | Engelhard Häsemann | — | 75 | Galliot |
| 2 | 22. Okt. 1806 | Hanseat | Hinrich Hilken | — | 112 | Schunerbark |
| 3 | 15. Jan. 1807 | — | — | — | 54 | Heringsbüse |
| 4 | 27. Jan. 1807 | — | — | — | 54 | „ |
| 5 | 25. März 1807 | Herings-Jager | Heinrich Schierhorst | — | 75 | Galliot |
| 6 | 3. Okt. 1807 | Compas | Lüder Farrelmann | — | 110 | „ |
| 7 | 27. Okt. 1807 | Olieve | B. Gätjen | — | 168 | Schiff |
| 8 | 2. Dez. 1807 | — | Gerhard Brau | — | 100 | Galliot |
| 9 | 5. Febr. 1808 | — | — | — | 54 | Heringsbüse |
| 10 | 9. April 1808 | — | — | — | 54 | „ |
| 11 | 13. Mai 1808 | — | H. Ottmann | — | 58 | Galliot |
| 12 | 25. Mai 1808 | — | — | für eigene Rechn. | 50 | „ |
| 13 | 17. Okt. 1808 | — | Bäckmann | — | 166 | Brigg |
| 14 | 25. Okt. 1809 | — | — | für eigene Rechn. | 35 | Galliot |
| 15 | 1. Nov. 1809 | — | Bernhard Meyer | — | 20 | Kutter |
| 16 | 2. Nov. 1809 | — | Ahlers | — | 28 | Schuner |
| 17 | 8. März 1810 | — | Kim | — | 30 | „ |
| 18 | 17. April 1810 | — | — | — | 54 | Heringsbuse |
| 19 | 18. Mai 1810 | — | Ottim | — | 130 | Brigantine |
| 20 | 6. Juni 1811 | — | Martin Deetjen | — | 90 | Galliot |
| 21 | 22. Dez. 1814 | — | Hinrich Weitmann | — | 90 | „ |
| 22 | 17. Febr. 1815 | Minerva | Johann Hohorst | — | 90 | „ |
| 23 | 22. Juli 1815 | Wilhelmina Magdalena | Lüder Raschen | — | 77 | „ |
| 24 | 15. Nov. 1815 | — | H. Schütte | — | 24 | Kahn |
| 25 | 4. Dez. 1815 | — | — | Geestendorfer Lotsen | 34 | Kutter |
| 26 | 12. März 1816 | — | Jakob Havekort | — | 103 | Brigg |
| 27 | 26. April 1816 | (erbaut in Elsfleth) | H. Steege | — | 48 | Galliot |
| 28 | 7. Mai 1816 | | Jakob Köster | — | 128 | Brigg |
| 29 | 19. Nov. 1816 | — | Peper | — | 24 | Kahn |
| 30 | 30. Dez. 1816 | Die Weser | Zacharias Spilker | Friedr. Schröder | 30 | Dampfschiff |
| 31 | 24. April 1817 | — | — | — | 54 | Heringsbüse |
| 32 | 26. April 1817 | — | — | — | 54 | „ |
| 33 | 14. Juni 1817 | Fortuna | Johann Lamcke | — | 100 | Galliot |
| 34 | 14. Jan. 1818 | Johanna | Bätjer | — | 95 | Brigg |
| 35 | 4. April 1818 | Feuerschiff | Jantzen | Bremer Staat | 63 | Galliot |
| 36 | 19. Juni 1818 | Dorothea u. Elise | H. von Harten | — | 115 | „ |
| 37 | 16. Aug. 1818 | Jupiter | Mandel | Braun & Co. | 200 | Schiff |
| 38 | 28. Sept. 1818 | Wilhelmine Charlotte | Burmeister | — | 170 | Brigg |
| 39 | 11. März 1819 | Einigkeit | H. Wurtmann | — | 93 | Galliot |
| 40 | 13. März 1819 | — | Daniel Spille | — | 56 | „ |
| 41 | 25. Mai 1819 | — | Holzmann | — | 25 | „ |
| 42 | 28. Jan. 1820 | — | Daniel Köpker | — | 24 | Kahn |

| Nummer | Tag des Stapellaufes | Name des Schiffes | Name des Kapitäns | Name des Reeders | Größe und Bauart des Schiffes (Last) | |
|---|---|---|---|---|---|---|
| 43 | 17. März 1820 | Johanna | Johann Farrelmann | — | 63 | Galliot |
| 44 | 12. Mai 1820 | Martin | J. D. Raschen | — | 27 | „ |
| 45 | 19. Sept. 1820 | — | — | Bremer Staat | — | Baggermaschine |
| 46 | 23. Sept. 1820 | Arminius | H. Klein | — | 230 | Schiff |
| 47 | 21. Okt. 1820 | Constitution | Klockgeter | — | 150 | Brigg |
| 48 | 28. März 1821 | — | L. Warkmeister | — | — | Kahn |
| 49 | 16. Juni 1821 | Oeconomie | Vorster | für eigene Rechn. | 82 | Brigg |
| 50 | 27. Juli 1821 | — | Gebert Jantzen | — | — | Kahn |
| 51 | 8. März 1822 | Eierbeer | Arnd Lamcke | — | — | „ |
| 52 | 10. Aug. 1822 | Malie | Bernhard Meyer | — | 150 | Brigg |
| 53 | 22. März 1823 | — | Stencken | — | 27 | Galliot |
| 54 | 1. März 1824 | — | Fr. Nordenholz | — | 30 | „ |
| 55 | 13. April 1824 | Katharina | Sagemehl | — | 215 | Schiff |
| 56 | 10. Juli 1824 | — | Gerhard Braue | — | 105 | Galliot |
| 57 | 13. Juli 1824 | Johanna | Gerhard Ihlder | — | 120 | „ |
| 58 | 13. Dez. 1824 | Merkur | Kühne | — | 100 | Brigantine |
| 59 | 2. Mai 1825 | Germania | Kühne | — | 135 | Galliot |
| 60 | 4. Mai 1825 | — | Cassebom | — | 98 | „ |
| 61 | 29. Juni 1825 | — | H. A. Strömer | — | 80 | Schuner-Galliot |
| 62 | 25. Okt. 1825 | Amphitrite | A. Jaburg | — | 106 | Galliot |
| 63 | 21. Febr. 1826 | Dorothea Louise | Bernhard Wieting | — | 150 | Brigg |
| 64 | 18. Mai 1826 | Seefahrt | Heinrich Eytmann | — | 81 | Galliot |
| 65 | 11. April 1826 | Friederich | H. C. Stielle | — | 130 | Schiff |
| 66 | 1. Aug. 1826 | — | Nicolaus von Harten | — | 66 | Galliot |
| 67 | 15. Aug. 1826 | Rebekka | Fr. Kobber | — | 100 | „ |
| 68 | 14. Sept. 1826 | Hinriette | J. H. Gaetjen | — | 125 | Brigg |
| 69 | 15. März 1827 | Garonne | M. Cassebom | — | 120 | Galliot |
| 70 | 8. Juni 1827 | — | J. Meyerdirks | — | — | Kahn |
| 71 | 22. Mai 1827 | Graf Münster | Martin Deetjen | — | 146 | Brigg |
| 72 | 23. Juni 1827 | Herzog v. Cambridge | H. Rathjen | Iken | 152 | „ |
| 73 | 10. Juli 1827 | Caesar | Tjark Deetjen | — | 116 | „ |
| 74 | 13. Aug. 1827 | Mathilde | J. Pundt | — | 52 | Galliot |
| 75 | 20. Sept. 1827 | Charles Ferdinand | M. Klencke | D. H. Wätjen & Co. | 160 | Brigg |
| 76 | 16. Okt. 1827 | — | Bruntsen | — | — | Kahn |
| 77 | 13. April 1828 | Diana | M. Wilmsen | — | 130 | Brigg |
| 78 | 28. Mai 1828 | Weser | Bernhard Eytmann | — | 100 | Galliot |
| 79 | 12. Juni 1828 | Louise | Lüder Merens | — | 190 | Brigg |
| 80 | 9. Sept. 1828 | — | Johann Windhorst | — | 67 | Galliot |
| 81 | 12. Sept. 1828 | Unternehmung | Steffers | — | 50 | „ |
| 82 | 25. Sept. 1828 | Die Freunde | Diedrich Eytmann | — | 136 | „ |
| 83 | 20. März 1829 | Anna Maria | F. Schilling | — | 96 | Schuner |
| 84 | 4. Aug. 1829 | Bürgermeister Smidt | Diedrich Hilken | — | 127 | Brigg |
| 85 | 5. Sept. 1829 | Concordia | — | Keudgen Ww. Hamburg | 70 | Dampfschiff |

| Nummer | Tag des Stapellaufes | Name des Schiffes | Name des Kapitäns | Name des Reeders | Größe und Bauart des Schiffes (Last) | |
|---|---|---|---|---|---|---|
| 86 | 12. Okt. 1829 | Venus | Johann Windhorst | — | 128 | Brigg |
| 87 | 8. Mai 1830 | Catharina | Jacob Wessels | — | 155 | " |
| 88 | 24. Mai 1830 | — | Glosmann | — | 14 | Kutter |
| 89 | 1. Juli 1830 | Leuchtschiff | Johann Wessels | Bremer Staat | 85 | Galliot |
| 90 | 14. Juli 1830 | Sophie | Michael Havighorst | — | 130 | " |
| 91 | 13. Dez. 1830 | Aakus | H. Warnken | — | 60 | " |
| 92 | 22. März 1831 | — | Fr. Haesloop | — | — | Kahn |
| 93 | 28. März 1831 | — | B. H. Kohtj | — | 50 | Galliot |
| 94 | 30. März 1831 | — | Fr. v. Harten | — | — | Kahn |
| 95 | 24. Mai 1831 | Anna Johanna | Hinrich Bunje | — | 50 | Galliot |
| 96 | 21. Sept. 1831 | Eberhard | Bahrlag | — | 270 | Bark |
| 97 | 4. Febr. 1832 | Johanna | J. P. Wessels | — | 200 | " |
| 98 | 26. Juli 1832 | Newyork | Joh. Wächter | H. H. Meyer & Co. | 200 | Bark |
| 99 | 7. Juli 1832 | — | — | Weser Lotsen | 50 | Kutter |
| 100 | 15. Nov. 1832 | Aktive | J. Beckmann | — | 120 | Brigg |
| 101 | 26. März 1833 | — | H. von Harten | — | 50 | Galliot |
| 102 | 4. Juli 1833 | Theodor Körner | Joh. Haremborg | — | 270 | Schiff |
| 103 | 6. Juli 1833 | — | — | Weser Lotsen | — | Kutter |
| 104 | 7. Nov. 1833 | Constitution | Volckmann | Vintor | 190 | Bark |
| 105 | 12. Nov. 1833 | Bremen | Sammann | für eigene Rechn. | 70 | Dampfer |
| 106 | 12. Febr. 1834 | Sophie | D. H. Dewers | Iken | 190 | Bark |
| 107 | 3. April 1834 | — | Borch. Brinkama | — | — | Kahn |
| 108 | 20. Aug. 1834 | Clementine | J. H. Gaetjen | Iken | 375 | Schiff |
| 109 | 21. Sept. 1834 | Gustav | G. H. A. Hintze | — | 375 | " |
| 110 | 17. März 1835 | Kopernikus | A. Harmsen | — | 265 | Bark |
| 111 | 10. Mai 1835 | Elise | J. Koch | — | 265 | " |
| 112 | 29. Juli 1835 | — | Christoffers | — | 77 | Schuner |
| 113 | 3. Dez. 1835 | Johann Friedrich | F. H. T. Hederich | — | 210 | Bark |
| 114 | 1. Nov. 1835 | Marie | Klaus Ruyter | — | 200 | " |
| 115 | 3. Okt. 1835 | — | L. Halenbeck | — | 34 | Kahn |
| 116 | 5. Dez. 1835 | Columbia | Mr. Probst | — | 140 | Brigg |
| 117 | 11. Juni 1836 | — | Basse aus Norderney | — | 15 | Kuff |
| 118 | 10. Sept. 1836 | — | Dan. Lamcke | — | 22 | — |
| 119 | 10. Sept. 1836 | — | W. Gesselmann | — | — | — |
| 120 | 12. Sept. 18 6 | Estaffette | Fr. Balleer | — | 100 | Brig |
| 121 | 13. Sept. 1836 | — | L. Franz, Hamburg | — | 170 | Bark |
| 122 | 8. Nov. 1836 | — | Joh. Haesloop | — | 88 | Schuner |
| 123 | 18. Febr. 1837 | Hannover | Hashagen | für die Grönland-Walfischerei | 200 | Bark |
| 124 | 22. Juni 1837 | Anna | Ja. Wessels | — | 200 | " |
| 125 | 22. Juni 1837 | Hansa | Joh. Köper | — | 125 | Brigg |
| 126 | 22. Juni 1837 | Telegraph | Gerhard Ihlder | — | 90 | Schuner |
| 127 | 13. Sept. 1837 | — | Böhm, Hamburg | — | 160 | Brig |
| 128 | 20. März 1838 | Pennsylvania | Cord Hohorst | — | 190 | Bark |

| Nummer | Tag des Stapellaufes | Name des Schiffes | Name des Kapitäns | Name des Reeders | Größe und Bauart des Schiffes | |
|---|---|---|---|---|---|---|
| | | | | | Last | |
| 129 | 17. Mai 1838 | Bremen | Sammann | für eigene Rechn. | 60 | Dampfer |
| 130 | 1. Okt. 1838 | Olbers | H. W. Exter | — | 300 | Schiff |
| 131 | 1. Nov. 1838 | Josephine | E. Rüyter | — | 140 | Brigg |
| 132 | 3. Dez. 1838 | Pauline | Jac. Meyer | — | 260 | Schiff |
| 133 | 28. Febr. 1838 | Caspar | G. H. A. Hintze | — | 275 | „ |
| 134 | 6. Juni 1839 | Adler | Gutschow | — | 190 | Bark |
| 135 | 27. Juli 1839 | Emma | H. Tecklenborg | — | 300 | „ |
| 136 | 11. Mai 1839 | Roland | Hinr. Steengrafe | — | 130 | Brigg |
| 137 | 13. Aug. 1839 | Johann | Joh. Pundt | — | 50 | Galliot |
| 138 | 5. Dez. 1839 | Great Western | J. Burmann | — | — | — |
| 139 | 21. Dez. 1839 | Europa | Homann | D. H. Wätjen | 300 | Schiff |
| 140 | 11. Febr. 1840 | Margaret | J. G. Klencke | — | 115 | Brig |
| 141 | 3. Juni 1840 | Gutenberg | — | — | 40 | Dampfer |
| 142 | 11. Juni 1840 | Caroline | F. Volckmann | Vietor | 250 | Bark |
| 143 | 11. Sept. 1840 | Rebekka | D. Dewers | Iken | 280 | „ |
| 144 | 19. Okt. 1840 | — | Wilckens | — | 75 | Galliot |
| 145 | 17. März 1841 | Luise | Dan. Steenken | — | 280 | Bark |
| 146 | 19. April 1841 | Gutenberg | — | — | 44 | Dampfer |
| 147 | 1. Juni 1841 | Albert | Joh. Klockgeter | — | 300 | Bark |
| 148 | 19. Juli 1841 | Marianne | Car. Wieting | Weinhagen | 300 | Schiff |
| 149 | 30. Sept. 1841 | Kepler | Die. Krudup | — | 325 | „ |
| 150 | 26. Okt. 1841 | — | Schütte | — | 32 | Kahn |
| 151 | 7. Dez. 1841 | Columbus | Hin. Hilken | Iken | 300 | Schiff |
| 152 | 9. Mai 1842 | Meta | Jac. Meyer | — | 300 | „ |
| 153 | 9. Juli 1842 | Schiller | Johannsen | D. H. Wätjen | 340 | „ |
| 154 | 3. Nov. 1842 | Göthe | Homann | — | 340 | „ |
| 155 | 18. Nov. 1843 | Henschel | J. Lamcke | — | 125 | Brigg |
| 156 | 18. März 1844 | — | J. Lucht | — | 70 | Schuner |
| 157 | 19. April 1844 | Leontine | Ariaans | D. H. Wätjen | 430 | Schiff |

So hat denn die im Jahr 1805 geschaffene Gründung Johann Langes im Laufe eines Jahrhunderts durch Zeiten der Stürme und des Sonnenscheines mit der fortschreitenden Technik Schritt gehalten, ist mit ihr gewachsen und vervollkommnet worden und hat der kleinen Weserstadt Vegesack den Ruf als eines der hervorragendsten Schiffbauplätze Deutschlands bewahrt.

## „Die Weser.“

Wie bereits im zweiten Abschnitte gesagt wurde, hatte Friedrich Schröder drei Sachverständige, den Schiffbaumeister Joh. Lange, den Mechaniker Georg Ludwig Treviranus und den Kapitän Zacharias Spilker zur Ausführung des

**„Die Weser".**

Länge 85'.  Breite 14'.  Raumtiefe 8'.

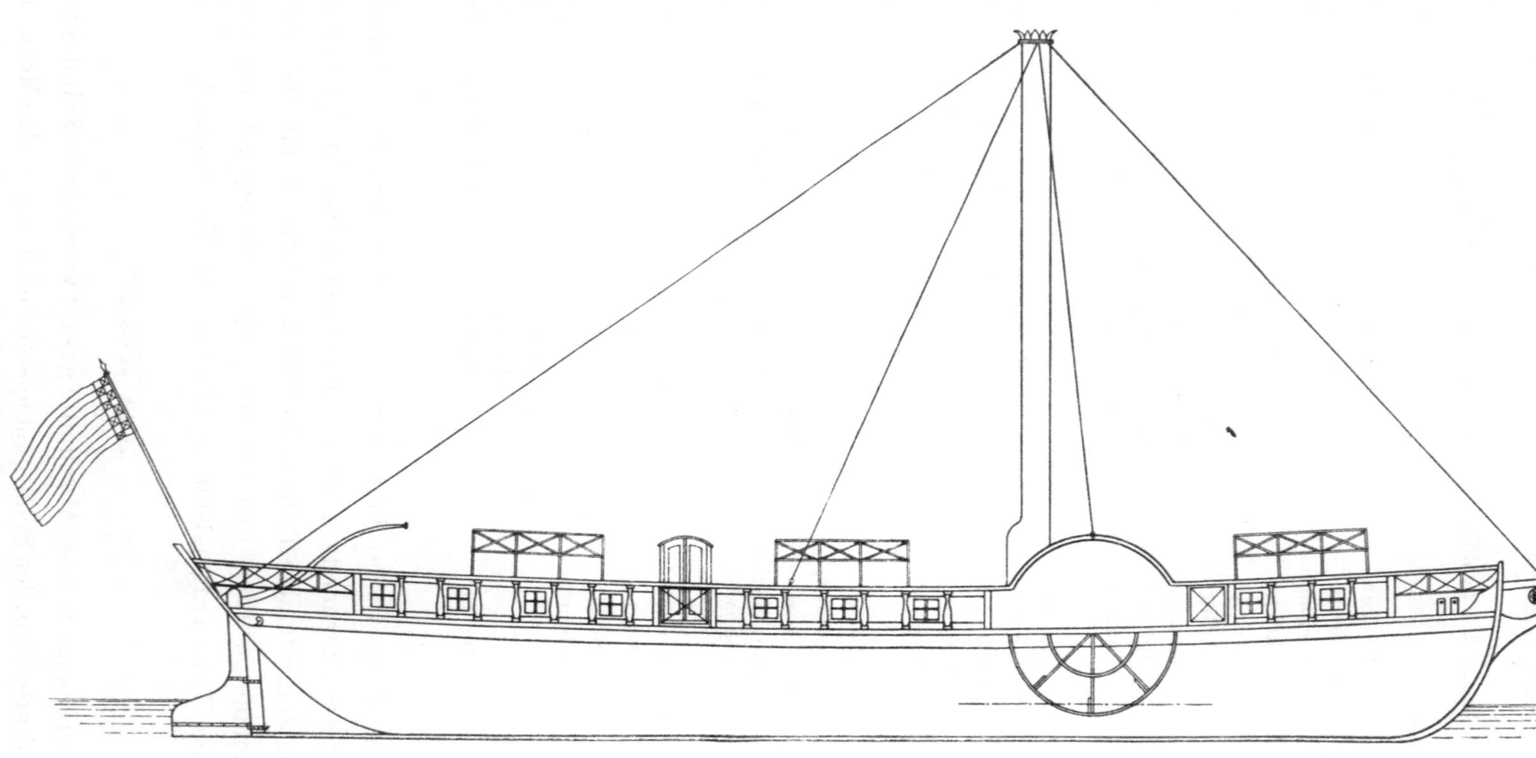

Fig. 1.

Seite 30a.
. whole breadth plan of the Timbers for Engine room
this space planked
open space for padd
Length of Engine Room 24 feet
line of Paddle axis
Floor timber heel
have 2 inches rise
Half floor timber
floor timber 16.8
this space planked
5.0
4.0
11.0
9.6
gangway beam
Fig. 2.

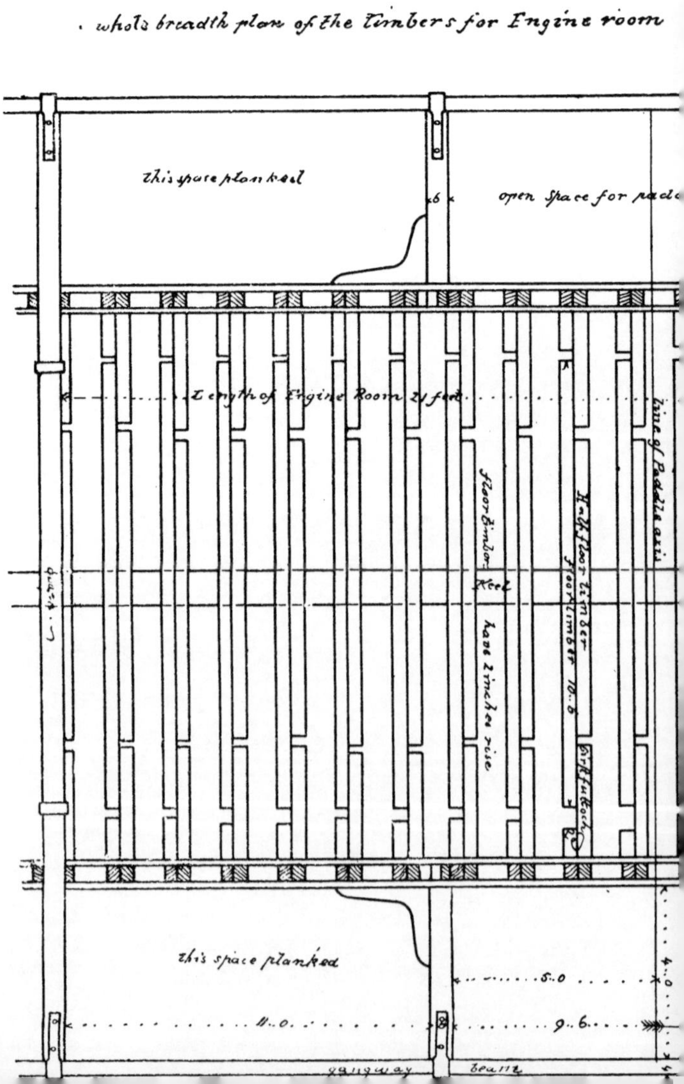

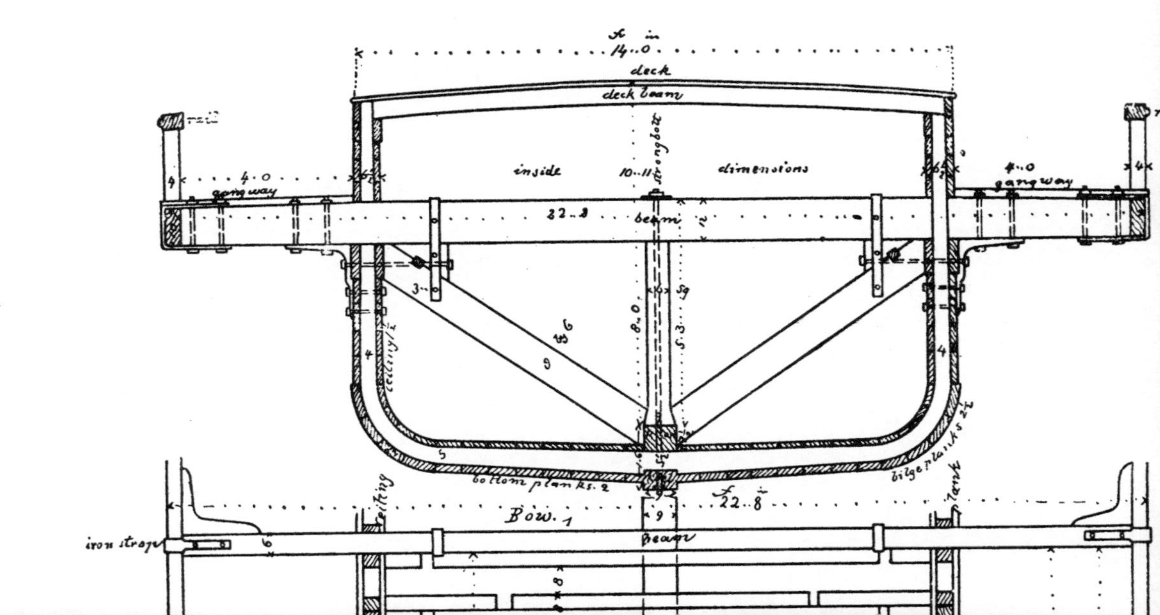

Cross Section of a Steam Boat
14..0
deck
deck beam
inside
10..11
strongbolt
dimensions
4..0
gangway
gangway
4..0
22-8
beam
ceiling 1/2
bottom planks 2
bilge planks 2½
Bow. 1
22..8
Beam
iron strap

machinery will be about 10 Tons and the water probably be 750 [...]
length from the bow he will be enabled to give her bottom such a form as
to have a level keel when she is loaded – or if 2 or 3 inches down by the stern
may be advantageous
NB The above weight includes the water in the Boiler

Längs-, Quer- und Horizontalschnitte des Dampfers „Die Weser".

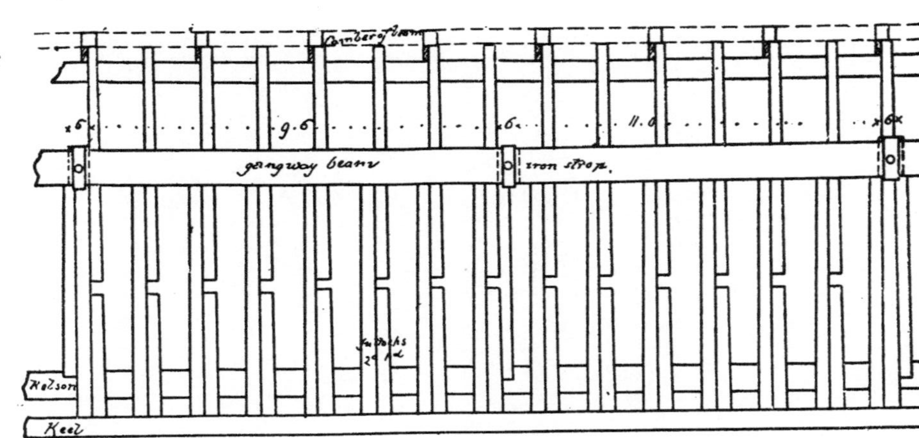

Part of Sheer draught intended for the Engine
Mr Broop
1 Sept 1816
Camber of Beam
gangway beam
iron strop
Nelson
Keel
Scale of English feet
0 1 2 3 4 5 6 7 8 9 10 11 12 13 14 15 16 17 18 19 20
This part of the vessel intended to contain the Engine and machinery cannot with

# Maschinen- und Kesselanordnung des Dampfers „Die Weser".

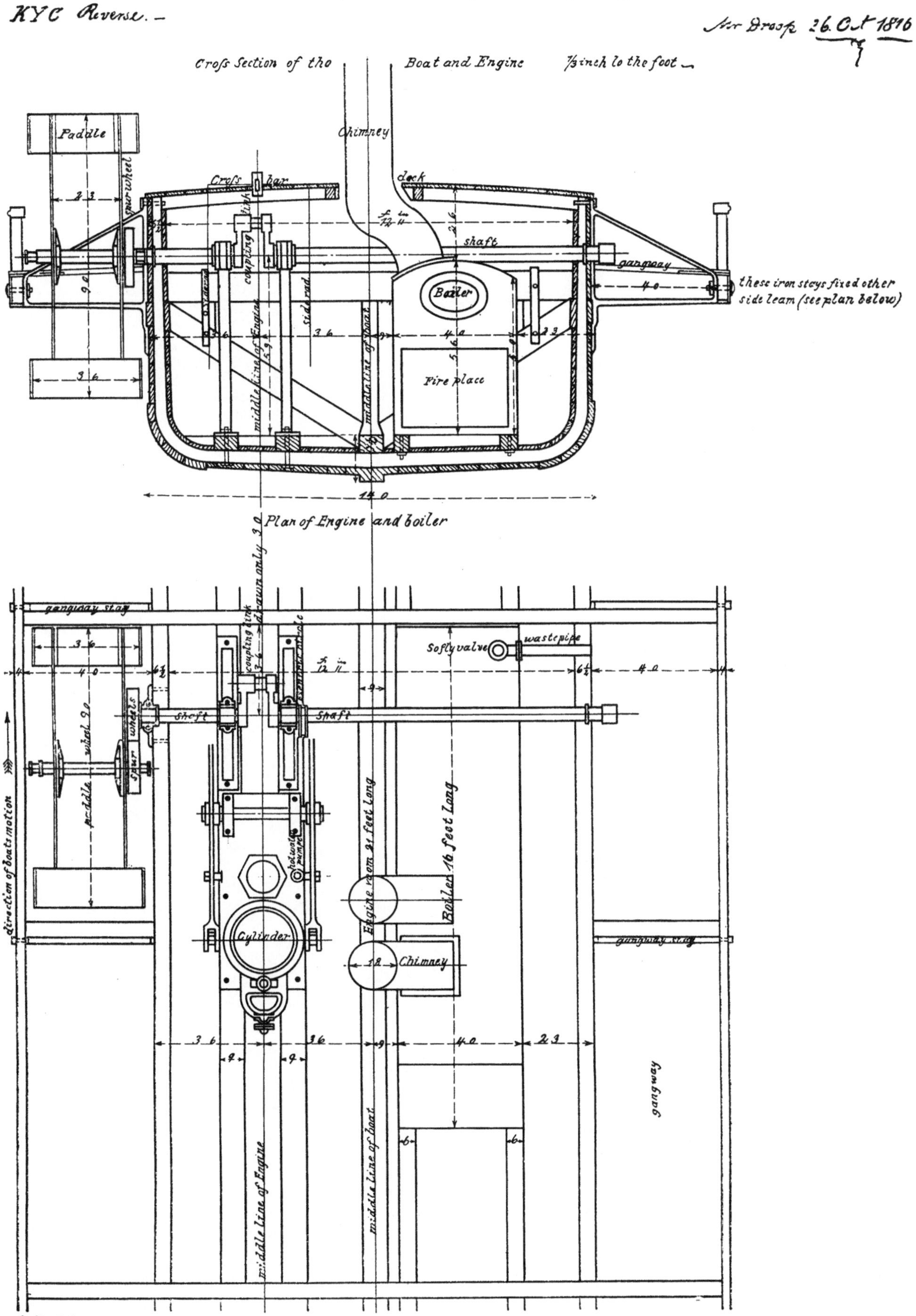

Fig. 3.

geplanten Baues als Ratgeber berufen und zu einer Studienreise nach England veranlaßt. Natürlich war, daß im wesentlichen für den Entwurf des Schiffes die Bauart der in England bereits erprobten Dampfschiffe als Vorbild diente. Dabei war auf die verhältnismäßig schlechten Fahrwasserverhältnisse der Weser Rücksicht zu nehmen. Bei der starken Versandung des Flußbettes mußte der Tiefgang des Schiffes möglichst gering gehalten werden, eine Forderung, der das große Gewicht der Maschinenanlage gegenüberstand. Die Sachverständigen einigten sich schließlich auf den Vorschlag Langes, ein Schiff mit fast flachem Boden von 85 Fuß Länge, 14 Fuß Breite und 8 Fuß Höhe vom Kiel bis zum Oberdeck zu bauen. Der Tiefgang sollte so, bei einem Maschinen- und Kesselgewicht von ungefähr 14 Tonnen, 3 Fuß nicht überschreiten, eine Absicht, die auch erreicht wurde (Fig. 1).*) Die Spanten, aus Doppelhölzern zusammengesetzt, hatten einen Zwischenraum von 8 Zoll, während die Hauptdeckbalken in Entfernungen von ungefähr 10 Fuß bei jedem siebenten Spant eingebaut waren und, seitlich über diese hinwegragend, eine um das Schiff herumführende Gallerie bildeten. So bekam das Schiff eine nutzbare Breite von ungefähr 23 Fuß. Die Gallerie hatte in der Mitte des Schiffes eine Breite von 4 Fuß, die allmählich gegen Bug und Heck abnahm, war mit Deckplanken abgedeckt und bildete das eigentliche Haupt- und Verkehrsdeck. Über das Hauptdeck ragten die Spanten um 3 Fuß empor und trugen die Oberdeckbalken mit dem Oberdeck, das in seinem vorderen und hinteren Teile den Passagieren Aufenthalt gewährte. Im mittleren Teile des Schiffes, soweit er für den Maschinenraum in Anspruch genommen war, fehlte das Oberdeck und war durch eine leichte Verschalung als Überdachung der Maschinenanlage ersetzt.

So ergaben sich für die Passagiere zwei Kajüten, von denen die vordere der zweiten Klasse, die hintere der ersten Klasse diente. Letztere war mit einer Einrichtung aus Mahagoniholz und mit Polstermöbeln ausgestattet, während die Kajüte zweiter Klasse einfacher in Tannenholz gehalten war.

Für die Aufnahme der Schaufelräder waren auf beiden Schiffsseiten im Galleriedeck zwischen zwei Hauptdeckbalken dicht vor der Mitte des Schiffes Räume freigelassen, über die sich die Radkasten wölbten. Da die Größe der Maschinenanlage den Ausfall eines Hauptdeckbalkens im Bereiche des Maschinenraumes erforderten, so hatte man zur Verstärkung des Quer-

---

*) Diese Zeichnung fand sich bei der Firma Johann Lange vor, während die übrigen Figuren die englischen Originalzeichnungen genau wiedergeben und daher englische Erläuterungen tragen.

verbandes unmittelbar vor und hinter dem Maschinenraum kräftige Diagonal-
hölzer eingebaut.

Die Beplankung des Schiffes war am Boden und den Seitenwänden
2 Zoll, in der Kimm 2½ Zoll stark, während die innere Verschalung aus
Bohlen von 1½ Zoll Dicke bestand (Fig. 2).

**Skizzen für die Kesselanlage des Dampfers „Die Weser".**

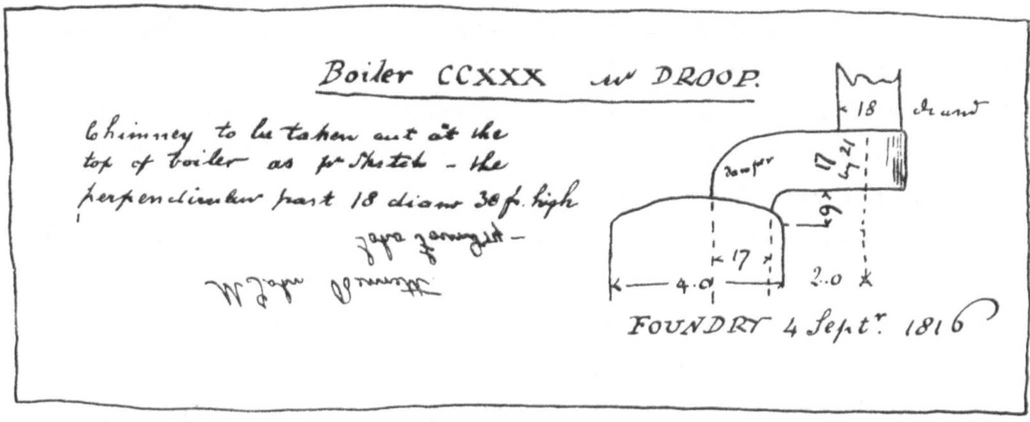


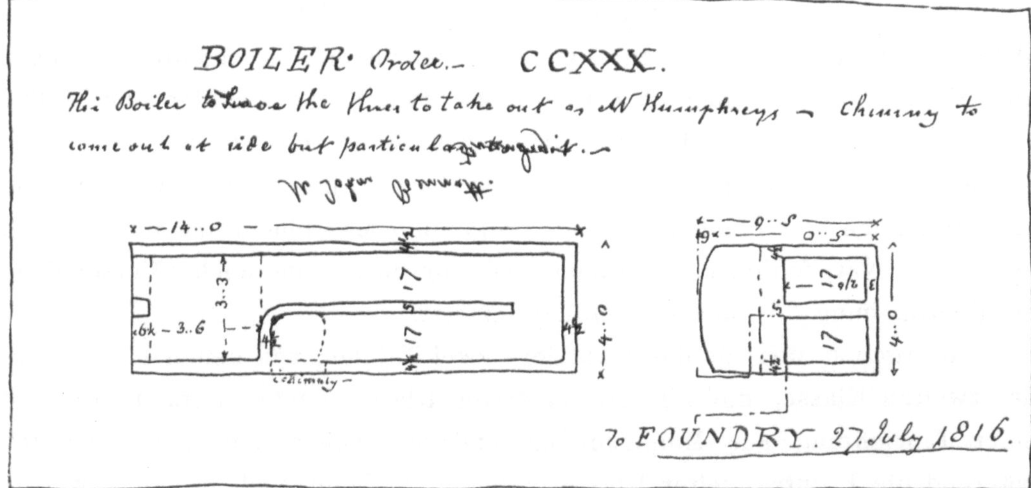


Fig. 4.

In der damals vorwiegend üblichen Weise war die Maschinenanlage
nach der Bauart Watts als Niederdruckmaschine mit Kondensation eingerichtet. Sie bestand im wesentlichen aus dem Dampfkessel nebst Schornstein, dem Zylinder mit Balancier und Gestänge, dem Kondensator, der
Kurbelwelle nebst Lagerböcken und den beiden seitlichen Schaufelrädern.

Die Anordnung im Schiff (Fig. 3) war so getroffen, daß der Kessel auf

der Steuerbordseite, der Zylinder nebst Kondensator, Balancier und Gestänge
auf der Backbordseite untergebracht wurden, während die Kurbelwelle vor
Maschine und Kessel ihren Platz erhielt.

Der Kessel (Fig. 4 und 5) hatte die Form eines länglichen Koffers von
rechteckigem Querschnitt. Seine Länge betrug 14 Fuß bei 4 Fuß Breite und
6 Fuß 5 Zoll Höhe. Während der Boden und die Seitenwände flach waren,

**Einzelheiten für Kessel, Kurbelwelle und Radhebel des Dampfers „Die Weser".**

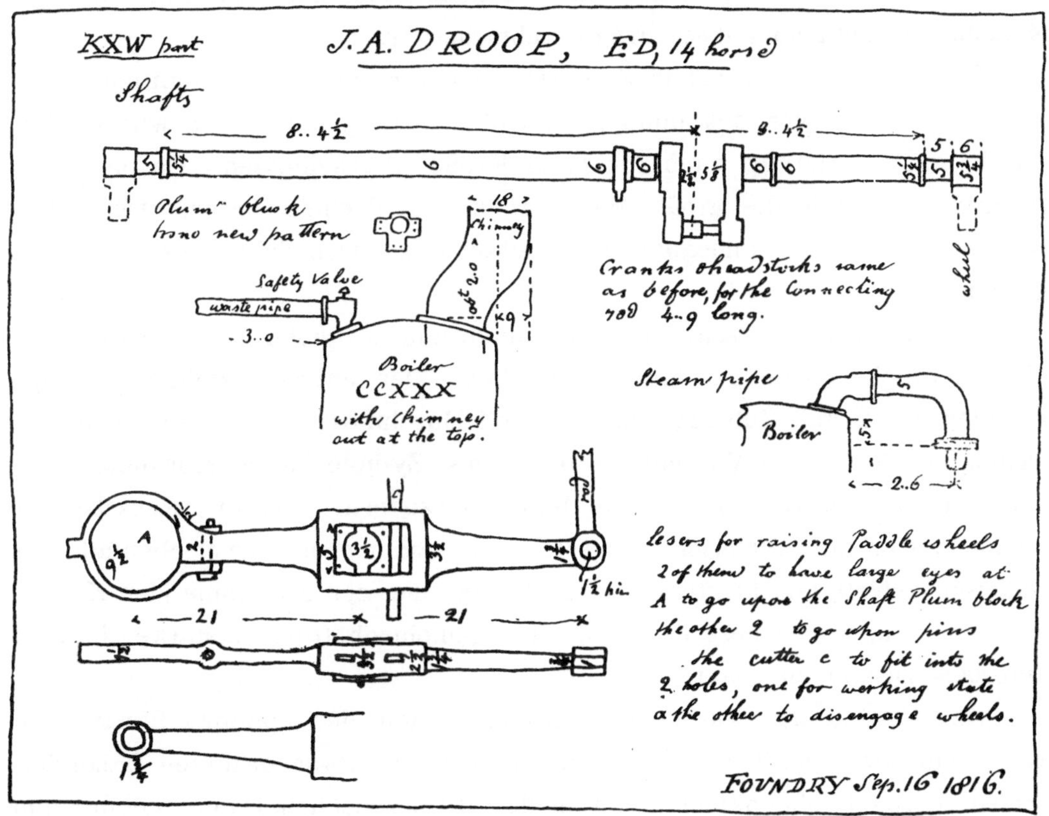


Fig. 5.

besaß die Decke eine geringe Wölbung. Auf der hinteren Schmalseite des
Kessels, der in der Längsrichtung des Schiffes aufgestellt war, lag die
Feuerung in einer Art Feuerkiste, an die sich ein Flammrohr von rechteckigem Querschnitt anschloß. Dieses zog sich auf der einen Seite durch
den Kessel nach vorn, dann umkehrend auf der anderen Seite bis dicht an
die Feuerkiste und hatte hier nach oben Anschluß an einen runden Kamin.
Über das Baumaterial des Kessels und seine Wandstärke geht leider aus den
vorhandenen Zeichnungen nichts hervor. Allein in einem später wieder-
zugebenden Zeitungsaufsatz sagt Treviranus, daß es Schmiedeeisen gewesen

4*

sei. Vermutlich waren es kleine, schmale, gehämmerte Bleche, wie sie, nach Abbildungen ähnlicher Kessel zu urteilen, in dieser Zeit zur Verwendung kamen. Der Kessel war mit einem Sicherheitsventil und einem Quecksilber-Röhrenmanometer ausgerüstet, Einrichtungen, die Treviranus in der genannten Arbeit beschreibt. Die Höhe des Wasserstandes im Kessel wurde wahrscheinlich durch Probierhähne, wie sie auch heute noch üblich sind, ermittelt. Freilich ist es auch möglich, daß der Kessel bereits mit einem Wasserstandsglase ausgerüstet war. Aus den Zeichnungen und sonstigen Mitteilungen geht über diese Frage nichts hervor.

Der Kamin hatte bei 18 Zoll Durchmesser die außerordentliche Höhe von 30 Fuß. Er war aus dünnem Eisenblech hergestellt und wurde oben durch eine Verzierung nach Art einer Krone abgeschlossen. Da das Schiff gelegentlich auch die große Weserbrücke in Bremen unterfahren sollte, war der Schornstein umlegbar eingerichtet und durch Seile gegen Umfallen gesichert.

Auf der Backbordseite des Maschinenraumes neben dem Kessel fand die eigentliche Dampfmaschine ihren Platz. Der aufrecht stehende Dampfzylinder von 2 Fuß Hublänge und 22 Zoll Durchmesser mit dem Schieberkasten, sowie der in Verbindung damit als Zylinderfuß angeordnete Kondensator mit der Luftpumpe, die Heißwasserzisterne und die Kesselspeisepumpe waren aus Gußeisen hergestellt. Zusammen mit zwei ebenfalls aus Gußeisen gefertigten, kräftigen Lagerböcken, die zur Aufnahme der Kurbelwelle dienten, waren diese Teile auf einer gemeinschaftlichen, starken Balkenunterlage zusammengebaut.

Der Antrieb der Kurbelwelle geschah nach der üblichen Bauart von Watt mit zwei seitlich zum Dampfzylinder unten angeordneten Balancierarmen, deren Drehpunkt ungefähr in der Mitte zwischen Dampfzylinder und Kurbelwelle lag. Die Balancierarme waren durch je eine Verbindungsstange, eine gemeinschaftliche Traverse und die Kolbenstange mit dem Kolben verbunden, durch eine Schubstange mit der Kurbelwelle. Als Gradführung diente das als Wattsches Parallelogramm bekannte Gestänge, von dem aus auch die Luft- und Speisepumpe ihren Antrieb erhielten (Fig. 6).

Der Schieber wurde durch eine Excenterscheibe auf der Kurbelwelle, eine als Gitterkonstruktion ausgeführte Schiebestange und einen Kniehebel gesteuert. Die Steuerung geschah so, daß nur die Aufwärtsbewegung des Schiebers durch das Gestänge besorgt wurde, während sein Eigengewicht ihn niederzog (Fig. 8).

Die Kurbelwelle besaß eine Länge von 13 Fuß 7 Zoll und einen Durchmesser von 6 Zoll. Außer in den dicht neben der Kurbelwelle angeordneten beiden Hauptlagern ruhte sie an beiden Enden in je einem an der Bordwand befestigten Halslager.

**Maschinen- und Kessel-Anordnung auf dem Dampfer „Die Weser".**

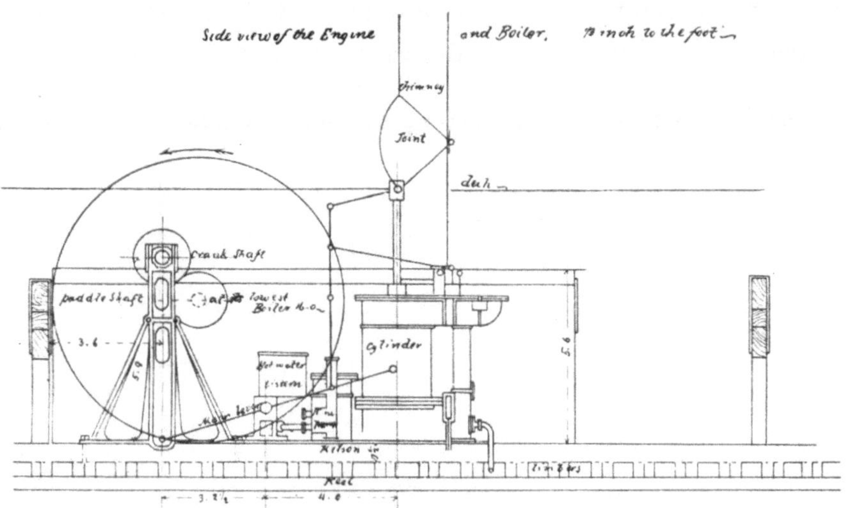


Fig. 6.

**Anordnung der Schaufelräder auf dem Dampfer „Die Weser".**

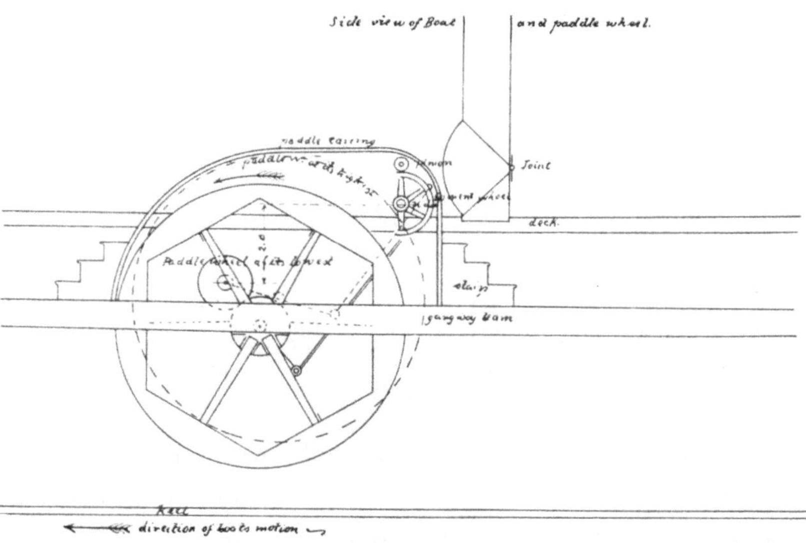


Fig. 7.

Die Schaufelräder saßen nicht unmittelbar auf der Hauptwelle, wie das heute bei Raddampfern gebräuchlich ist, sondern ihre besondere Achse, die in einem Hebewerke gelagert war, wurde von der

Hauptwelle durch Zahnräder angetrieben (Fig. 7). Das Radhebewerk bestand aus je zwei seitlich zu den Rädern sitzenden schmiedeeisernen Armen, in deren Mitte die Radachsen gelagert waren. Das eine Ende der auf der Schiffsseite liegenden Arme des Hebewerkes war um die Hauptwelle drehbar gelagert, das entsprechende der auf der Außenseite liegenden Arme um einen besonderen auf dem Rahmholz der Gallerie angebrachten Zapfen. Das andere Ende der Arme stand mit einer Winde an Deck in Verbindung. So konnten

Einrichtung der Maschinen-Steuerung auf dem Dampfer „Die Weser".

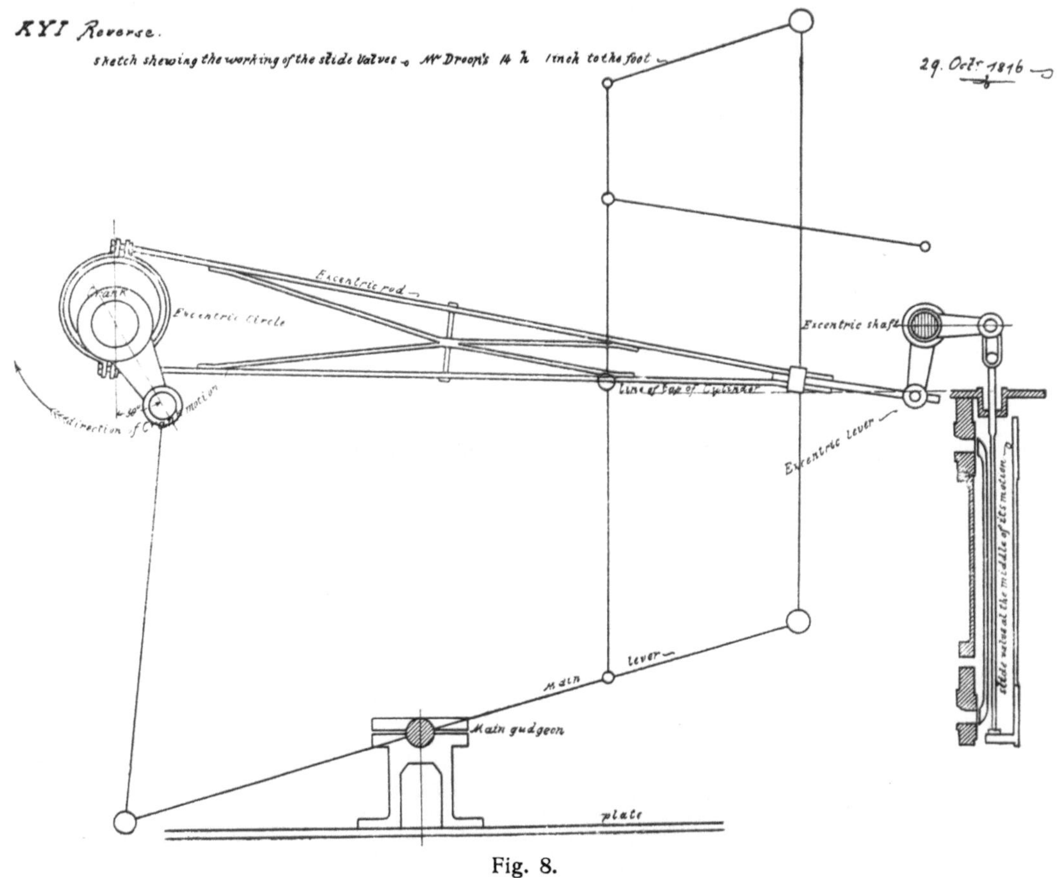


Fig. 8.

die Räder je nach Bedarf gehoben und gesenkt werden, und es war möglich, bei wechselndem Tiefgange des Schiffes ihre Tauchtiefe auf ein bestimmtes Maß zu halten. Fig. 5 gibt ein Bild der Einzelheiten der Kurbelwelle und des Radhebewerkes, während die Konstruktion der Räder in Fig. 9 und die Windevorrichtung in Fig. 10 dargestellt sind.

Der Durchmesser der Räder betrug 9 Fuß, sie bestanden aus je sechs schmiedeeisernen Armparen, welche, an gußeisernen Naben befestigt, die 3 Fuß

6 Zoll langen und 15 Zoll breiten Schaufeln trugen. Die Schaufeln sollten ursprünglich aus Gußeisen hergestellt werden, waren aber schließlich aus

**Einzelheiten der Schaufelräder des Dampfers „Die Weser".**

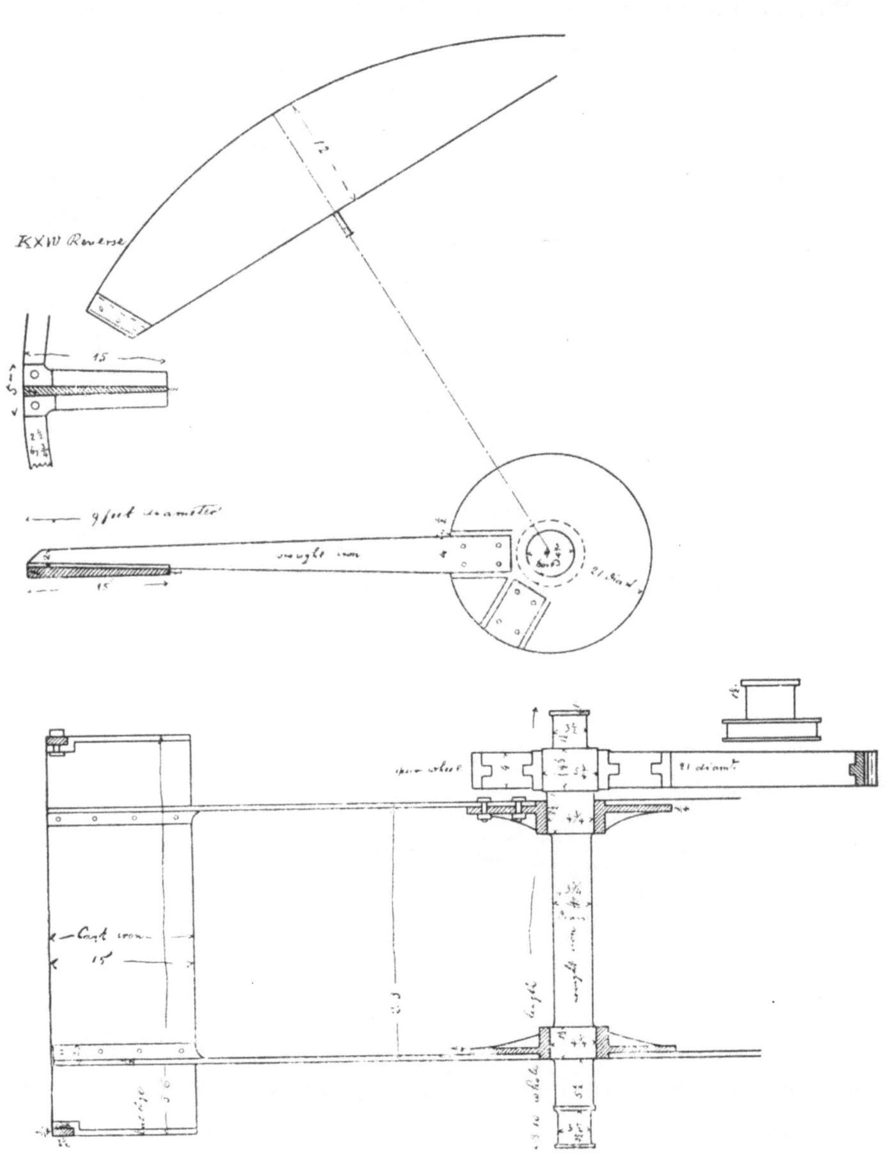

Fig. 9.

Schmiedeeisen; die Schaufelarme waren zur Erhöhung ihrer Festigkeit zunächst durch hölzerne Segmente, später durch schmiedeeiserne Felgen, miteinander verbunden.

Als Kondensator diente der kastenförmig ausgebildete Fuß des Dampf-
zylinders. Er erhielt das nötige Wasser durch ein die Schiffswand durch-
brechendes Rohr. Der Zufluß konnte durch einen Hahn reguliert werden.
Mit dem Kondensator stand die Luftpumpe in Verbindung, die das Kon-

**Einzelheiten des Rad-Hebewerkes auf dem Dampfer „Die Weser".**

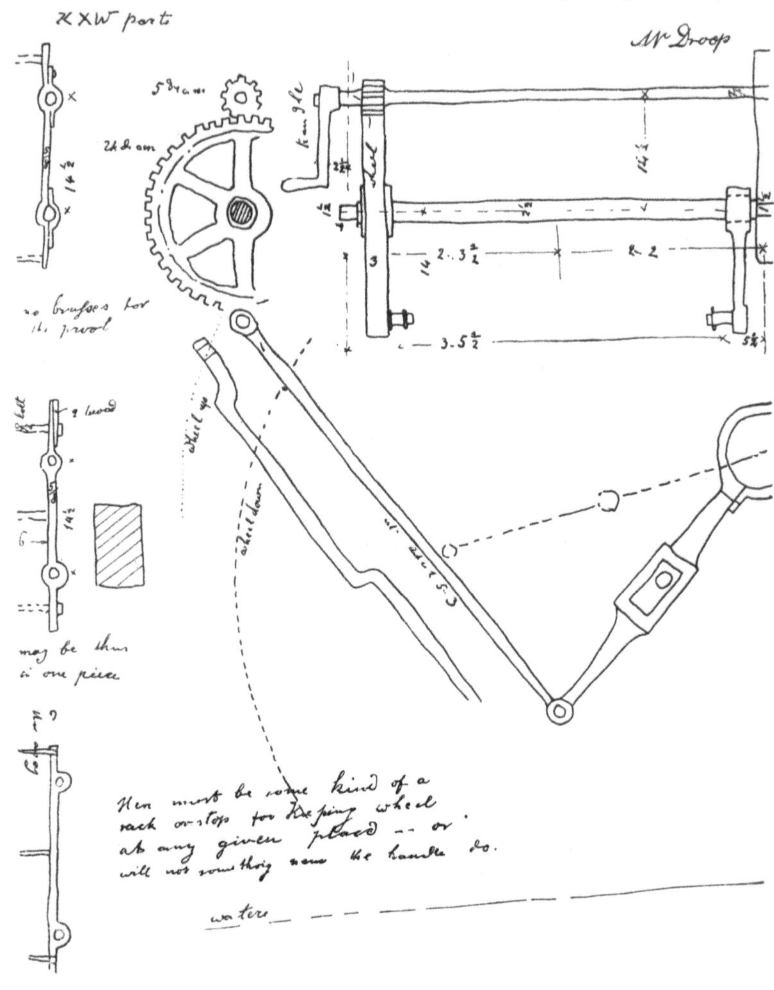

Fig. 10.

densationsgemisch absaugte und in eine Heißwasserzisterne drückte, von
wo der größte Teil über Bord floß. Ein Teil des heißen Wassers wurde
jedoch durch die an die Zisterne angeschlossene Kesselspeisepumpe ab-
gesaugt und in den Kessel gedrückt.

Die Maschine leistete bei 44 Hüben i. d. M., das sind 22 Kurbelum-
drehungen, ungefähr 14 PS, ihr Kohlenverbrauch soll dabei in der Stunde
1 Balje = 260 Pfund englisch betragen haben. Auf die Pferdekraftstunde

wären demnach 18,5 Pfund englisch = 8,4 kg gekommen. Bei voller Maschinenleistung betrug die Fahrgeschwindigkeit 5,5 englische Seemeilen in der Stunde = 10 km.

Die Kajüteneinrichtungen waren für etwa 60—80 Personen ausreichend, gleichwohl sind zeitweilig, namentlich in den ersten Jahren, bei einzelnen Fahrten bis zu 250 Menschen befördert worden.

Keineswegs waren die in den Unterhandlungen mit den verschiedenen Staatsbehörden und in der Ausführung des ungewöhnlichen Baues selbst liegenden Schwierigkeiten die einzigen, die sich dem Unternehmen hindernd in den Weg stellten. Während man noch beim Bau beschäftigt war, wurden im Kreise der Bremer Bürgerschaft Stimmen laut, die geeignet waren, das Mißtrauen gegen das Dampfschiff in weite Kreise zu tragen. Die Bedenken gründeten sich auf verschiedene Unglücksfälle, die in Amerika und England mit den zu dieser Zeit zuerst gebauten Hochdruckmaschinen von Trevithik eingetreten waren, und von denen Kunde nach Bremen gedrungen war. Dieser Umstand gab Treviranus Veranlassung, zur Aufklärung seiner Mitbürger in der Bremer Zeitung einen Aufsatz zu veröffentlichen, in dem er das Wesen der Dampfmaschineneinrichtung des neuen Dampfschiffes und besonders die Sicherheitsvorrichtungen zu erklären versucht.

Da diese Veröffentlichung einen Einblick in die Anschauungen jener Zeit auf dem Gebiete der Dampftechnik gibt, verdient sie allgemeines Interesse und sei daher hier eingeschaltet:

**Bremer Zeitung.**

Donnerstag, den 1. Mai 1817.

Etwas zur Berichtigung der Meinungen über die Zwecke der Dampfböte.

Die mannigfaltigen Zwecke, zu welchen Dampfmaschinen in England und anderen Orten seit ihrer Erfindung mit so ausgezeichnetem guten Erfolge angewendet werden, haben ihnen bereits ein so allgemein günstiges Urtheil in Hinsicht ihres Nutzens erworben, daß dieser wohl nicht mehr bezweifelt werden wird. Indessen ist durch ein Unglück, welches öffentlichen Blättern zufolge durch das Zerspringen des Dampfkessels eines Dampfbootes in Amerika verursacht worden, und eines ähnlichen Vorfalls, der sich auf der Yare unweit Norwich an Bord des Dampfbootes „The Courier" ereignet, bei dem minder mit Dampfmaschinen bekannten Theil des Publikums die Idee entstanden, daß mit dem Gebrauch aller Dampfmaschinen dieselbe Gefahr verknüpft sei. — Diesen Irrthum zu berichtigen, zu zeigen, daß es nur eine besondere Art Dampfmaschinen ist, deren Gebrauch gefährlich werden kann, und wodurch der letztere und wahrscheinlich auch der erste jener Unglücksfälle ist verursacht worden, besonders um dem hier verfertigten Dampfboot („Die Weser") das Zutrauen des Publikums zu sichern, möge Folgendes dienen.

Der **Dampf** ist eine elastische Materie, deren ausdehnende Kraft mit dem Grad der Hitze, wovon ihre Ausdehnung abhängt, im Verhältniß steht. Der Druck, welchen ein Gefäß auszuhalten hat, in welchem Dampf entwickelt wird oder eingeschlossen ist, hängt also von dem dabei angewandten Grad der Hitze und der hierdurch erzeugten, größeren oder geringeren, Expansivkraft des Dampfs ab.

Wird Wasser, bei einem Barometerstand von 28 Zoll, bis 80 Grad nach dem Reaumurschen Thermometer erhitzt, so ist die Expansivkraft des Dampfs, oder sein Bestreben, das ihn einschließende Gefäß von innen zu zersprengen, nur grade dem Druck der Atmosphäre von außen gleich, so daß in diesem Fall, weil beide Kräfte einander gleich und entgegengesetzt sind, ihre Wirkung auf das Gefäß nur darin bestehen kann, die Masse des letzteren zu verdichten, welches nie die Zerstörung eines kompakten metallenen Behälters, und noch viel weniger eine Explosion verursachen wird.

Alle, nach den Grundsätzen der Herren Bolton und Watt verfertigten Dampfmaschinen (low pressures engines) (und eine solche ist die auf dem hiesigen Dampfboot angebrachte) erfordern zu ihrer Bewegung eigentlich nur Dämpfe von der angegebenen Expansivkraft. Da es aber eine praktisch unmögliche Regulation des Feuers erfordern würde, jeden Augenblick Dampf genau von der angegebenen Expansivkraft hervorzubringen, so hat man die Auskunft getroffen, in den Zeitpunkten, wo das Feuer am lebhaftesten brennt, und Dampf von einer den Druck der Atmosphäre übersteigenden Kraft entwickelt wird, eine solche Quantität zu sammeln, als hinreicht, bei weniger starkem Feuer, wo sich Dampf von geringerer Expansivkraft erzeugt, als der Druck der Atmosphäre beträgt, davon zusetzen zu können. Zur Sicherung gegen alle Gefahr bei dieser Einrichtung dient die auf dem Kessel befindliche Sicherheitsklappe (safety valve) und der in Grade abgetheilte Dampfmesser (Steam gauge). Die Sicherheitsklappe besteht aus einem abgestumpften, umgekehrten und in der Mitte mit einem cylindrischen Stift versehenen Kegel, Der konische Theil der Klappe, so wie der darin befindliche cylindrische Stift passen in Oeffnungen, welche den genannten Formen entsprechen, doch so, daß keine Reibung und keine sonstige Unvollkommenheiten, welche die Wirkung des Ventils oder der Klappe hindern könnten, dabei statt finden. Im Mittelpunkt des abgestumpften Kegels hängt noch ein Gewicht von solcher Schwere, daß, sobald die Expansion der Dämpfe den Druck der Atmosphäre um ungefähr ein Viertel übersteigt, das Ventil nebst dem daran befindlichen Gewichte durch sie so lange gehoben werden, bis eine solche Quantität Dampf ins Freie ausgeströmt ist, daß seine hiedurch geschwächte Kraft nicht mehr im Stande ist, das Ventil offen zu erhalten. Das auf solche Art eingerichtete Sicherheits-Ventil ist in einem eisernen Kasten so verwahrt, daß Niemand aus Unwissenheit oder feindseligen Absichten eine plötzliche Veränderung daran machen kann. Bei unserem hiesigen Dampfboot ist die höchste Expansivkraft, welche die Dämpfe erhalten können, nicht größer, als daß jeder Quadrat-Zoll des Kessels nur durch eine Kraft von ungefähr 3½ Pfund gedrückt wird, indem bei diesem Druck das Ventil sich zu öffnen anfängt. Daß diese Kraft niemals im Stande sein wird, einen, aus dicken Platten vom besten, geschmiedeten Eisen zusammengesetzten, mit starken Nietnägeln verbundenen Kessel auseinander zu treiben, wird Jedem einleuchten. Es ist auch wirklich meines Wissens noch kein Beispiel vorhanden, daß der Kessel einer, nach dem Prinzip der Herren Bolton und Watt wirkenden Dampfmaschine zersprungen wäre. Gegen ein solches Unglück jedoch die Vorsicht zu verdoppeln und von dem Sicherheits-Ventil, so vollkommen in seiner Art es auch ist, doch nicht einzig abzuhängen, dazu ist die Maschine unseres Schiffs noch mit dem Dampfmesser (Steam gauge) versehen. Dieses Instrument besteht aus einer, mit Quecksilber gefüllten, heberartig gebogenen Röhre. Von den zwei Oeffnungen derselben, welche im Gebrauche nach oben gerichtet sind, steht die eine mit dem Innern des Kessels, die andere mit der äußeren Luft in Verbindung. So lange auf das Quecksilber weder des einen noch des anderen Schenkels eine äußere Kraft wirkt, wird es nach dem bekannten hydrostatischen Gesetz in beiden Schenkeln gleich hoch stehen. Sobald indessen die Expansivkraft des Dampfes den Druck der Atmosphäre übersteigt, wird das durch den einen Schenkel mit dem Innern des Kessels in Verbindung stehende Quecksilber nach Maaßgabe der Kraft der Dämpfe niedergedrückt werden, und in dem mit der Atmosphäre kommunizirenden Theil der Röhre um eben so viel steigen. Dieses Steigen des Quecksilbers nimmt bei vermehrter Expansivkraft des Dampfes bis auf eine Höhe zu, welche dem Gewichte des Sicherheits-Ventils entspricht, so daß selbiges in dem Augenblick, wo das Quecksilber den bezeichneten Punkt erreicht, sich öffnen und den überflüssigen Dampf auslassen wird. Sollte indessen durch irgend einen Umstand das Ventil seinen Dienst versagen, entginge es z. B. der Aufmerksamkeit des Maschinenwärters, daß das Quecksilber des Dampfmessers den bezeichneten Punkt überschritten, ohne daß sich die Sicherheits-Klappe geöffnet hätte, so würde doch deshalb noch keine Gefahr entstehen können, das Quecksilber des Dampfmessers würde dann noch höher steigen, endlich ganz aus der Röhre herausgetrieben werden, bei seinem Austritt den Dämpfen einen Uebergang ins Freie verstatten, und hierdurch dem Kessel vollkommene Sicherheit verschaffen.

Frägt man jetzt, wie denn aber die bekannten Unglücksfälle haben entstehen können? so ist folgendes die Antwort. Sie konnten erfolgen, weil die Maschinen, deren Kessel zersprangen, zu einer ganz anderen Art (high pressures engines) gehörten, welche nach einem von dem erklärten wesentlich verschiedenen Prinzip wirken. Die, nach den Grundsätzen der Herren Bolton und Watt eingerichteten Dampfmaschinen wirken, wie gesagt, in voller Kraft mit Dampf, dessen Expansivkraft den Druck der Atmosphäre nur ungefähr ein Viertel übertrifft, welches auf den Quadratzoll nur höchstens $3\frac{1}{2}$ Pfund Druck verursacht, indem bei der zweiten, von Trevithick erfundenen (high pressure) Maschine, gewöhnlich Dampf von einer, dem Druck der Atmosphäre dreifach übersteigenden Expansivkraft benutzt wird, wodurch jeder Quadratzoll des Kessels einen Druck erleidet, der einer Kraft von 42 Pfund gleich kommt. Wollte man daher nicht zugeben, daß die erste Art Maschinen ganz ohne Gefahr sei, so würde man wenigstens gestehen müssen, daß diese bei der zweiten Maschine zwölfmal so groß ist. Hierzu kommt noch, daß die, zu der zweiten Art Dampfmaschinen gehörigen Kessel von Gußeisen gemacht werden, welches seiner Natur nach viel spröder als geschmiedetes Eisen ist, und leicht fehlerhafte Stellen enthalten kann. Auch bei dem besten gegossenen Kessel verursacht eine durch nicht zu bestimmende Umstände hervorgebrachte ungleiche Ausdehnung seiner Theile leicht einen Sprung, und giebt auf diese Weise zu einer zerstörenden Explosion Anlaß. Man versieht Maschinen dieser Art zwar in der Regel auch mit einem Sicherheits-Ventil. Da dasselbe aber oft sehr sorglos angebracht, und ganz der Leitung des Maschinenwärters übergeben ist, so geschieht es häufig, daß ein beträchtlich größeres Gewicht auf das Ventil kömmt, als der Expansivkraft des Dampfes, welchen die Stärke des Kessels ertragen kann, angemessen ist, so daß dadurch das Ventil, anstatt der schwächste oder nachgiebigste Punkt zu sein, zum stärksten wird, und der Dampf weniger Schwierigkeit findet, den Kessel zu sprengen als das Ventil zu öffnen.

Bei dem Gebrauch einer high pressure Maschine ist also die größte Vorsicht nöthig, und es wäre sehr zu wünschen, daß sie ganz abgeschafft würden. Die Hauptgründe, wodurch Manche bisher noch bewogen wurden, im Gebrauche high pressure den low pressure Maschinen vorzuziehen, sind vielleicht die, daß sie 1. da sie weder Kondensator, noch Luftpumpe nöthig haben, beträchtlich einfacher in ihrer Konstruktion als die anderen, daher um einen geringeren Preis zu bekommen und in Ordnung zu halten sind: 2. sich in einem beträchtlich kleineren Raum als eine low pressure Maschine von derselben Stärke bringen lassen, daher für Dampfböte und Dampfwagen vorzüglich passen: und 3. weniger Feuerung verzehren.

Nach dieser Erklärung wird hoffentlich Jeder überzeugt sein, daß bei dem Gebrauch unseres hiesigen Dampfboots und aller übrigen Schiffe, die mit diesem einerlei Einrichtungen haben, von der Dampfmaschine weniger Gefahr, als bei einer Reise zu Lande von scheuen Pferden, Umwerfen des Wagens oder dergl. zu fürchten ist.

Vegesack, den 28. April 1817.

Ludwig Georg Treviranus.

Wenige Tage nach Erscheinen dieses Aufsatzes, der die ängstlich gewordenen Bremer einigermaßen beruhigte, am 6. Mai 1817, machte das neue Dampfschiff seine erste Reise von Vegesack nach Bremen. Ganz war jedoch die Furcht vor der noch unbekannten neuen Erscheinung selbst in den höchsten Kreisen der Gebildeten nicht geschwunden; so kam es, daß von den zu dieser ersten Fahrt Geladenen, zu denen auch der Bremer Senat und Vertreter der Behörden Hannovers und Oldenburgs gehörten, nur ein Teil erschien. Naturgemäß erregte das festlich geschmückte Schiff bei den Bewohnern der Weserufer größte Teilnahme, die sich in lauten Kundgebungen der Freude äußerte. Die erste Probefahrt verlief zur Zufriedenheit aller Teilnehmer und das Schiff erwies sich dabei als untadelhaft und als für seinen Zweck vorzüglich geeignet.

Der Senatssyndikus Gröning, ein Teilnehmer dieser Fahrt, schreibt in einem Briefe an den Senator und später so berühmten Bürgermeister Smidt, der damals in Frankfurt a. M. weilte:

Bremen, den 6. Mai 1817.

„Ich bin im Begriff mit 15 anderen Mitgliedern, dem Herrn Präsidenten incl., in der Yacht*) nach Vegesack zu fahren, wohin Fr. Schröder 150 Personen zu einem gehörigen Frühstück, und zur Rückfahrt auf dem Dampfboote, das um 2 Uhr seine erste Reise nach Bremen antreten wird, eingeladen hat. — Oldenburgischer Seits werden Mentz, Suder, Hansen und Beaulieu, und Hannoverscher die Söhne der Minister Bremer und Decken, deren Einer Drost zu Verden und der Andere Offizier bei der dortigen Garnison ist, dabei erschienen. — Der Wind ist günstig und das Wetter ausnehmend schön.“

Bremen, den 9. Mai 1817.

„Unsere resp. Dampf- und Yacht-Schiffahrt ist am Dienstag vortrefflich von Statten gegangen, gestern und heute ist das Schiff zum Besten der Armen zu besehen.“

A. F. Barkhausen in Bremen schreibt an Senator Smidt in Frankfurt a. M. am 10. Mai 1817:

„Unsere Canal-Deputation, 17 Personen stark, worin wir Hrn. Synd. Schöne, Senator Gildemeister, Vollmers, Klugkist, Nonnen, Dr. Albers und Dr. Focke zählen, hielt gestern die erste Sitzung. Unser Dampfschiffs-Schröder gehörte auch dazu und ist ein viel zu ge-

---

*) Die Yacht oder Herrenyacht war ein kleines, schnellsegelndes Lustschiff des Senates.

scheiter Mann, um unserem Canal-Projekte entgegen zu wirken. Der Genuß der ersten Herauffahrt, die seine Splendidität mir und an hundert Anderen verschaffte, war einzig und glich einem Triumphzuge. Heute ist er mit seinem stolz und sanft einherschwebenden Fahrzeuge unter der Brücke durch auf Verden* geschwommen."

Auf der Rückfahrt von Verden schleppte der Dampfer zwei große Kähne und langte mit ihnen nach einer schnellen Reise wohlbehalten wieder in Bremen an.

Nach Beendigung der Verdener Reise, durch die wohl festgestellt werden sollte, wie sich das Schiff auf der oberen Weser und Aller bewähre, scheinen die regelmäßigen Fahrten am 20. Mai aufgenommen worden zu sein.

Wenigstens brachte die Bremer Zeitung am Sonntag, den 18. Mai, folgende Bekanntmachung:

B r e m e n , den 17. Mai 1817.

Das Dampfschiff

„D i e  W e s e r"

von Bremen nach Vegesack, Elsfleth und Brake geht am Dienstag, den 20. dieses, und sodann täglich von der Wichelnburg präzise 7 Uhr Morgens ab, und verläßt Brake des Nachmittags präzise 2 Uhr. Sowohl bei der Hin- als Rückfahrt hält das Schiff sich 10 Minuten vor Vegesack und Elsfleth auf, um Passagiere aufzunehmen und abzusetzen.

Das Passagiergeld für die Person ist:

a) In der ersten Kajüte

    nach Elsfleth und Brake oder von daher zurück . . . . . . Ld'or Rthl. 1 24 Gr.

    nach Vegesack oder von daher zurück . . . . . . . . . „    „   — 48 „

b) In der zweiten Kajüte

    nach Elsfleth und Brake oder von daher zurück . . . . . „    „   1 — „

    nach Vegesack oder von daher zurück . . . . . . . . . „    „   — 36 „

Kinder unter zwölf Jahren zahlen die Hälfte.

Jede Person hat 10 Pfund Bagage frei, sorgt jedoch selbst für die Aufbewahrung derselben; daher weder für Sachen noch für deren Wert irgend eine Verantwortlichkeit übernommen werden kann.

Damit das Dampfschiff pünktlich abfahren könne, werden die Passagiere ersucht, sich eine Viertelstunde vor der festgesetzten Zeit an Bord einfinden zu wollen.

F r i e d r i c h  S c h r ö d e r .

Der am linken oldenburger Weserufer etwa in der Mitte zwischen der Wesermündung und Bremen liegende Ort Brake hatte sich in den letzten Jahrzehnten zu einem bedeutenden Umschlaghafen des Bremer Handels entwickelt. Bei der immer ärger werdenden Versandung des Flußbettes vermochten die Bremer Seeschiffe, deren Größe und Tiefgang von Jahr zu

Jahr wuchs, den bisher bedeutendsten Bremer Hafenplatz, Vegesack, nicht mehr mit hinreichender Sicherheit zu erreichen und benutzten daher gern den bequemen Ankerplatz bei Brake und dies um so lieber, als sich sehr bald auch hier hinreichende Gelegenheit zur Vornahme von Reparaturen bot. Alle mit der Schiffahrt in Verbindung stehenden Gewerbe, wie der Schiffbau, die Schmiederei, Reepschlägerei und Segelmacherei nahmen um diese Zeit in der Umgebung Brakes einen mächtigen Aufschwung. So war es natürlich, daß sich auch zwischen dem alten Stammsitz des Bremer Handels und dem neu aufblühenden Orte ein reger Verkehr entwickelte, der durch die vorzügliche Verkehrsgelegenheit, die die Dampfschiffsverbindung bot, nur noch weiter gefördert wurde.

Allein eine regelmäßige Hin- und Rückfahrt an einem Tage ließ sich aus Ursachen, die eben in der schlechten Beschaffenheit des Fahrwassers begründet waren, doch nicht aufrecht erhalten. Schon am 29. Mai 1817 macht Schröder in der Bremer Zeitung das Folgende bekannt:

„Da es sich gezeigt, daß das Fahrwasser zwischen der Ochum und Vegesack so seicht ist, daß dasselbe während der Ebbe nicht fahrbar bleibt, so ist von jetzt an die Abänderung getroffen, daß das Dampfschiff „Die Weser", um jedesmal die Zeit der Flut benutzen zu können, den einen Tag von hier nach Brake abgehen und den folgenden Tag von da auf hier zurückkehren wird.

Es ist daher bestimmt worden, daß das Dampfschiff „Die Weser" des Sonntags nur nach Vegesack und wieder hierher zurück, des Montags, Mittwochens und Freitags, von hier nach Brake, des Dienstags, Donnerstags und Sonnabends von Brake hierher zurück fahren wird. Die Stunden des Abgangs werden durch die öffentlichen Blätter genau angezeigt werden.

Bremen, den 28. Mai 1817.

Friedrich Schröder.

Gelegentlich, wenn sich genügend Passagiere einfanden, wurde auch die Fahrt über Brake hinaus, die Weser abwärts, bis zur Mündung der Geeste fortgesetzt. Hier war ein sehr günstiger Ankerplatz, den die Bremer Kapitäne, auf guten Fahrwind wartend, gern benutzten. Als dann später an der Mündung der Geeste für Rechnung des Bremer Staates ein großes Hafenbassin gebaut wurde, und eine neue Stadt, Bremerhaven, entstand, entwickelte sich dorthin ein starker Verkehr von den flußaufwärts gelegenen Ortschaften, besonders von Vegesack und Bremen, an dem der Dampfer „Die Weser" gebührenden Anteil hatte.

Die Zahl der mit den Dampfschiffen von Schröder beförderten Passagiere betrug:

im Jahr 1817 während 7 Monate 10 184

| | | | | | | |
|---|---|---|---|---|---|---|
| „ | „ | 1818 | „ | „ | „ | 10 356 |
| „ | „ | 1819 | „ | „ | „ | 9 463 |
| „ | „ | 1820 | „ | „ | „ | 10 159 |
| „ | „ | 1821 | „ | „ | „ | 8 811 |
| „ | „ | 1822 | „ | „ | „ | 6 237 |
| „ | „ | 1823 | „ | „ | „ | 5 719 |
| „ | „ | 1824 | „ | „ | „ | 5 848 |
| „ | „ | 1825 | „ | „ | „ | 4 948 |
| „ | „ | 1826 | „ | „ | „ | 5 508 |
| „ | „ | 1827*) | „ | „ | „ | 6 438 |

Dabei muß berücksichtigt werden, daß Schröders zweites Dampfschiff „Herzog von Cambridge" nur von Mitte des Jahres 1818 bis 1820 fuhr, also der größte Teil der Personen „Die Weser" benutzte.

Doch nicht immer und nicht regelmäßig scheint der Dampfer seine Fahrten ausgeführt zu haben, namentlich dann nicht, wenn infolge anhaltenden Ostwindes die Flut nur schwach auflief und so in der Weser nur geringe Wassertiefe vorhanden war. Die Unregelmäßigkeiten im Verkehr und die wiederholten längeren Unterbrechungen der Fahrten führten zu Drohungen seitens des Senats, das an Schröder erteilte Privilegium aufzuheben. Trotzdem Schröder wiederholt auf die immer schlechter werdenden Fahrwasserverhältnisse hinwies und auf die darin liegende Unmöglichkeit, einen regelmäßigen Verkehr aufrecht zu erhalten, geschah seitens des Senats nichts zur Beseitigung dieser Mißstände.

Man war damals mit dem Projekte des Hafenbaues an der Geestemündung beschäftigt, unterhalb der sich ein auch für die größten Schiffe ausreichendes Fahrwasser nach See vorfand, hoffend, mit seiner Verwirklichung der Bremer Schiffahrt und dem heimischen Handel eine neue, feste Stütze zu schaffen, nachdem der schlechte Zustand der Weser diese Lebensnerven des freistaatlichen Gemeinwesens zu unterbinden drohte. Daher hatte man keine Zeit, auf Schröders Vorstellungen einzugehen, zumal man auch keine Möglichkeit sah, dem Weserfahrwasser eine nutzbringende Tiefe zu geben und auf die Dauer zu erhalten.

Nachdem dann im Frühjahr 1826 eine längere Unterbrechung im Dampfschiffsverkehr eingetreten war, dessen Veranlassung in einer Reihe un-

---

*) Die Zahlen der folgenden Jahre sind nicht zu ermitteln gewesen.

günstiger Umstände zu suchen ist, hob der Senat am 10. Mai 1826 das Privilegium auf. Hatte diese Maßregel zunächst auch noch keine praktische Bedeutung, so war sie doch geeignet, andere Kreise zur Einrichtung eines Dampferunternehmens anzuregen.

Jedoch noch sieben Jahre blieb „Die Weser" der einzige Dampfer im Verkehr zwischen Bremen und den Nachbarstädten, bis dann 1834 der nach den neuesten Erfahrungen entworfene und mit Maschinen modernster Bauart ausgerüstete Dampfer „Bremen" von Johann Lange in Vegesack in Fahrt gesetzt wurde. Diesem folgten später der „Telegraph" und der „Gutenberg", die ebenfalls von Lange erbaut und betrieben wurden.

Viele Jahre hindurch lag dann die Dampfschiffahrt vornehmlich in den Händen der Firma Lange, bis der Norddeutsche Lloyd, nachdem er schon seit seiner Gründung im Jahr 1857 den Dampferverkehr auf der Unterweser gepflegt hatte, 1872 auch die Langeschen Schiffe ankaufte. Dem sich mit der Zeit einstellenden Bedürfnisse nach größeren und schnelleren Dampfern hat der Norddeutsche Lloyd, wie auf seinen großen transatlantischen Linien, so auch auf dem im Verhältnis dazu bescheidenen Gebiete des Flußdampferverkehrs entsprochen, und heute fahren auf der Linie Bremen-Bremerhaven Dampfer, die an Schnelligkeit und Bequemlichkeit allen Anforderungen unserer Zeit des Schnellverkehrs gerecht werden.